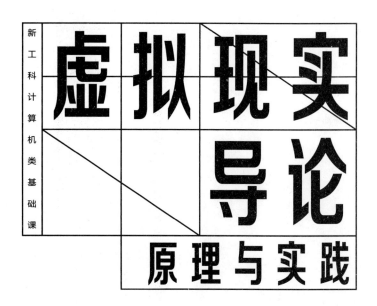

新工科计算机类基础课

虚拟现实导论

原理与实践

黄心渊　主编

杨刚　赵锟　陈柏君　等编

高等教育出版社·北京

内容提要

本书以虚拟现实项目实践开发为出发点,力图通过最简练的语言和项目案例,阐述虚拟现实技术的基本原理和开发流程及经验,为广大读者提供一个学习的线索和入口。全书分为上、下两篇,上篇为理论篇,主要阐述虚拟现实的基本原理和设计原则及流程;下篇为实践篇,通过实际项目的开发向读者详细阐述设计开发一款虚拟现实应用的过程及方法。

本书适合作为高等学校信息类公共基础课程和信息类专业虚拟现实相关课程的教材,也可作为对虚拟现实应用开发感兴趣的科技人员、计算机爱好者及各类自学人员的参考书。

人类对创造臆想空间的追求从未改变，这也是虚拟现实（Virtual Reality，VR）技术得以飞速发展的根本动力。随着2016年VR产业元年的到来，各类虚拟现实应用竞相涌现，在科研、教育、娱乐、军事、医疗等领域崭露头角，也真正和人们的生活紧密联系起来。虚拟现实硬件设备的快速发展，激发了很多人的创作灵感，而对于尚未有过VR项目开发经验的人来说，这还是个陌生的领域，本书则是在此种背景下撰写的。全书力图通过最简练的语言和项目案例，阐述虚拟现实技术的基本原理和开发流程及经验，为广大读者提供一个学习的线索和入口。

全书分为上、下两篇。上篇为原理篇，包括3章内容，主要阐述虚拟现实的基本原理和设计原则及流程；下篇为实践篇，包括5章内容，通过实际项目的开发向读者详细阐述设计开发一款虚拟现实应用的过程及方法。

第一章为"虚拟现实概述"，阐述了虚拟现实的概念、功能模块、应用领域，并对目前市场上主流的头戴式VR设备进行介绍，并指出各类解决方案还存在的一些问题，最后宏观地总结了虚拟现实产业的现状和发展情况。第二章为"基于沉浸感提升的设计原则"，针对VR应用沉浸式的特点提出设计的基本原则。第三章为"虚拟现实应用开发流程"，主要讲解开发一款虚拟现实应用软件的整体步骤和相关技术。从第四章开始，依照虚拟现实应用开发流程中的五个基本步骤，通过五个章节向读者详细介绍如何开发一款基于沉浸式虚拟现实眼镜的VR应用软件。内容包括项目开发前的需求分析、环境搭建、素材准备与场景搭建、交互实现及测试发布。

本书由中国传媒大学黄心渊教授，北京林业大学杨刚副教授，中国传媒大学陈柏君、李源哲、赵锟、宋子涵、江宇昊、陈彦玲合作完成，并由黄心渊教授做最终审定。感谢北京航空航天大学的梁晓辉教授审阅了书稿并提出了宝贵意见。

需要指出的是，本书大量出现"虚拟现实"和"VR"两个名词，其含义完全相同，在文中会根据具体的语境或语句的可读性选择使用。

虚拟现实技术还在飞速发展当中，新的设备和产品在不断推出，编者能力有限，书中不足之处在所难免，敬请读者批评指正。

编者　2018年2月

目录

II

本篇包括3章内容，主要介绍虚拟现实应用设计方面的基础理论，既包括虚拟现实的含义、特性、结构等基本概念也包括具体的设计原则及流程方法。

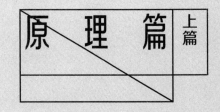

原 理 篇 上篇

第一章 虚拟现实概述

1

虚拟现实是 20 世纪 80 年代提出的概念，该技术以其特有的创造性和沉浸感迅速成为视觉传达数字媒介的高端技术，是一项融合了计算机图形学、多媒体技术、计算机仿真技术、传感器技术等的综合技术。本章主要介绍虚拟现实的基本概念与特性、应用领域、目前市场主流 VR 产品以及虚拟现实产业的现状与发展情况。

1.1 基本概念与特性

20世纪80年代，美国人Jaron Lanier创立了一家生成"数据手套"的公司，这种数据手套可以捕捉人手的姿态，用于实现人与三维虚拟环境的自然交互。为了宣传其公司和产品，Lanier灵机一动，造出了一个响亮的词汇：虚拟现实（Virtual Reality, VR）。

经过几十年的发展，尤其是最近5年的爆发式发展，"虚拟现实"已经成为大众最熟悉的科技词汇之一。但究竟什么是虚拟现实，一般人却很难说清楚。

1.1.1 虚拟现实的含义

首先，先来探讨一下"虚拟现实"的概念。对于一个从未接触过VR领域的人来说，虚拟现实的概念或许是复杂又难以理解的。将虚拟现实简洁地定义为这样一段话：虚拟现实是计算机生成的给人多种感官刺激的虚拟环境，用户能够以自然的方式与这个环境交互，并产生置身于相应的真实环境中的虚幻感和沉浸感。

1994年Grigore C. Burdea和Philippe Coiffet在其合著的《虚拟现实技术》一书中提出的3I特性：沉浸感（Immersion）、交互性（Interaction）和构想性（Imagination）。这三个词的英文首字母皆为I，故被称为"3I特性"。

沉浸感，是指VR系统应能使人产生一种身临其境的感觉。即虚拟环境能够给人多种感官信号，包括视觉（立体、逼真的图像）、听觉（立体声音）、力觉、触觉、运动感知、甚至味觉、嗅觉等多种感官体验。

交互性，指用户能以较为自然的方式与虚拟环境进行交互。比如当用户转动头部时，其所看到的景象也应随之变化；当用户触碰场景中的物体时，物体会做出近似真实的物理反应等。

构想性，则是指虚拟现实技术应具有广阔的可想象空间，可拓宽人类认知范围，其不仅可再现真实存在的环境，也可以随意构想客观上不存在的，甚至是不可能发生的环境。

在此虚拟环境中，"多感知性"所提供的各种信号符合用户在现实世界中的固有经验，而"交互性"更增强了用户对此环境的认可程度。在这两种作用之下，使人难辨真假，产生一种身临其境的感觉。

1.1.2 虚拟现实的终极目标

对虚拟现实的终极目标最形象的诠释不需要来自理论的定义，而是1999年上映的一部著名科幻电影——《黑客帝国》（英文名 The Matrix）。

《黑客帝国》中所描述的事情发生在未来的某个时代，那时整个世界已经被具有高度智能的机器所控制，人类已经完全成为被利用的工具。当婴儿一出生，就被机器放进一个培养箱中，浑身上下安装了各种传感器，脑后连接着数据管。通过这些传感器和数据管，人从一生下来就被接入到了一个虚拟世界中，在这个虚拟世界中吃饭、睡觉、成长、生活、工作，直至死亡。有一小部分人觉醒了，他们要打破机器帝国的控制，电影情节由此展开……

电影中所描述的这个虚拟世界系统逼真地模拟了人的所有感官信号，虚拟构建了整个人类社会，堪称VR系统的终极目标。只是，这个目标听起来并不亲切，反而有些可怕。当然，人们尚无需担心，目前的科技水平距离黑客帝国中所描述的高度还有非常遥远的距离。

虽然暂时无法实现《黑客帝国》中的构想，但经过几十年的发展，虚拟现实技术已可构造出一个具有相当沉浸感的虚拟环境。现阶段，运用高性能计算机系统，可实时生成高度真实感的画面，佩戴头戴式显示器或大屏显示设备，可以给人提供沉浸感的视觉体验。立体声耳机和虚拟环绕声技术，可以生成三维立体声音。利用各种跟踪设备可以捕捉头部的转动、手部方位，乃至全身的动作。如图1.1所示，用户正佩带 HTC Vive 头盔体验操作虚拟显微镜。图1.1中墙上的投影显示了当前用户正在看到的景象，而通过手柄，用户可与虚拟环境进行自由交互。

图1.1 佩带HTC Vive头盔操作
虚拟显微镜
图1.2 VR赛车（拍摄于曼恒公司）

如果在前面的基础上再配合六自由度的运动平台，就可以模拟出坐在颠簸的车上的运动感觉。图1.2是体验馆中常见的一种体验设备——VR赛车。很宽的屏幕给用户提供了沉浸感的视觉体验，而其座椅可以自由升降与倾斜，由此可以逼真地模拟颠簸、前仰后合等运动感知。

图1.3 CAVE显示器

另外，还有一种使用多面屏幕包围体验者的方式营造沉浸式虚拟空间。图1.3是一种称为CAVE的大屏显示设备，其将一间屋子的3~5个墙面都设置成了投影屏幕，人站在屋子里就好像实地站在了一个虚拟环境中，可以产生很强的沉浸感。

1.1.3   为什么需要虚拟现实

《黑客帝国》中虚拟现实的终极目标给人的感觉似乎并不亲切，反而有点儿可怕。那么，为什么人们还要孜孜不倦地研究虚拟现实并加以产业化应用呢？下面从两个方面进行分析。

1. 对虚拟世界的追求是人的一种本能性的反应。

从几个生理、心理现象来说明这个问题。

首先是"走神"。所谓走神就是心从现实世界中脱离开来，去到了另一个想象的、虚拟的情景之中。当你读这段文字时，有可能你的心正在别的地方驰骋。据心理学家统计，人们每天走神的次数大约有两千次；大脑大约15%~25%的时间都在开小差。走神现象表明人的心有一种很强的脱离现实，去往虚拟世界的冲动或习惯。

其次是"做梦"。做梦可以认为就是人沉浸到了一个心造的虚拟世界中。人们几乎每天都会做梦，在梦中之人一般无法分辨现实还是梦境，这不就是在体验一种高级别的VR吗？

再看看人类所"沉迷"的各种娱乐形式。自古以来人们就喜欢听故事、读小说。所谓故事、小说不就是用语言或文字构造了一个虚拟的世界吗？人们喜欢沉浸在这样一个虚拟世界之中。之后，出现了戏剧，戏剧有真人表演，可以营造一个更为直观、逼真的虚拟场景。近代，电影出现了。通过现代科技手段，电影可以营造完全虚拟的奇幻世界，通过IMAX、立体视觉等技术，电影可以提供前所未有的沉浸感，也成为最流行的娱乐方式之一。那么，电影之后会是什么呢？VR被很多人寄予厚望。VR可以提供除视、听之外的更多的感官体验，可提供与虚拟场景之交互，能提供远比电影强烈的沉浸感，也许将成为新一代的娱乐方式。

无论是走神、做梦，还是娱乐，都向人们传达一个信息，即对虚拟世界之追求是心之所向，对VR技术的研究和应用是一种必然的趋势。

2. 虚拟现实技术应用领域广泛。

除了娱乐，VR技术已被广泛应用在了飞行模拟训练、工业制造、军事、产品展示等领域，提高了生产效率，方便了人们的生活，详细论述可见本书1.3节。从这个角度而言，VR技术有实际应用价值，其研究是非常必要的。

1.1.4 VR、AR与MR的概念辨析

在VR热潮之中，另一种技术应用开始异军突起，其风头甚至盖过VR，那就是增强现实（Augmented Reality, AR）。所谓增强现实是指将计算机生成的虚拟对象或系统提示信息叠加到真实场景中，从而实现对现实的"增强"。从2012年Google推出AR眼镜Google glasses，到2015年的AR应用"奇幻咔咔"、神秘公司Magic Leap，再到2016年微软推出的Hololens和任天堂大热的游戏Pokemon Go，AR吸足了人们的眼球。

与此同时，出现了另一个与AR很难分辨的概念，那就是混合现实（Mixed Reality, MR）。微软与Magic Leap都强调他们的产品不是一般的增强现实，而是混合现实。那么，这些概念间到底有什么区别呢？

事实上，早在1994年，Paul Milgram等人就在其论文中提出了"现实－虚拟连续统"（Reality-Virtuality Continuum）的概念，其中定位了VR、AR和MR在连续统中的位置，如图1.4所示。

图1.4 Milgram等提出的现实-
虚拟连续统

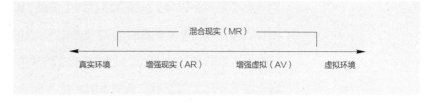

在连续统中，最左端为现实世界，最右端为虚拟世界；在现实中添加虚拟信息为AR，而在虚拟世界中加入现实世界的信息则被称为AV（Augmented Virtuality）。AR和AV所处的整个区间都被称为MR。基于该"连续统"的概念，我们对VR、AR和MR的含义分别进行一个具体的解释。

VR强调的是"虚拟环境"给人的沉浸感。比如当人们戴上VR头盔后，看到的是完全虚拟的世界，看不到外面的现实世界。但要注意的是，这个"虚拟环境"中也会加入现实世界中的某些信息。例如，VR系统中为了满足交互性会获取人的动作、方位等现实世界的信息，而VR场景中的纹理信息也往往来自现实世界中的图像拍摄。因此，一般而言，当前的VR系统其实包含了AV的概念。

AR与VR的区别很明显。AR强调在真实场景中融入计算机生成的虚拟信息的能力，它并不隔断观察者与真实世界之间的联系。典型的应用如Google glasses，当用户带上Google glasses后，还可以看到外面的世界，但在眼镜屏幕上会同时投影一些与你当前所看到的景物相关的虚拟信息。"奇幻咔咔"是另一种常见的AR应用形式：当用手机对准一幅预先设定的图像时，在手机的摄像机窗口中会出现三维虚拟的模型；基于三维注册计算，该模型会被准确地放置在三维空间中的相应位置，与摄像机窗口中的现实背景融合在一起。

MR则与AR不太容易分辨。根据图1.4中连续统的定义，MR应当是指虚实融合技术的总称，其包括了AR和AV。但是，在当前的产业应用中，MR的含义却与此有些出入。当前产业中，出于市场宣传的目的，MR一般会被强调为一种更高级的AR技术。

当前的大部分AR应用还只能算是AR的初级形态。一方面，虚拟对象只是简单地叠加在了现实背景中，无法与现实场景中的对象进行有效的遮挡判断、碰撞与互动；虚拟对象的光照、阴影等也很难与现实场景相契合。另一方面，用户必须通过某个屏幕（如手机、Pad等屏幕）或者带上特制的光学设备来观看现实世界，其视场角有限，虚实融合的感觉也会受到很大影响。这两方面使得当前的AR应用很难达到虚实的无缝融合。当前的一些宣称为混合现实的技术则在第一个方面已经有了很大的进展。微软的Hololens通过感知现实世界的三维信息并准确定位人在室内场景中之方位，可实现更深入的虚实交互，如虚拟对象可以准确地"放置"在三维空间中的桌子、墙壁上，并有遮挡判断，与现实场景融为一体。而Google Tango技术，则力图实现一种手机上的混合现实。其通过在手机上安装一个深度摄像头和一个运动追踪摄像头来实现对现实场景三维信息的获取，从而实现虚实对象间的深入互动。

从本质上而言，这些技术和应用依然属于AR，但企业出于市场宣传的角度将之与一般的AR区分开来，而专称之为MR。最近Intel又推出了一个新的名词，叫Merged Reality（融合现实），也简称MR。这其实与AR或Mixed Reality并无本质区别。只是大公司的一种宣传策略而已。

事实上，MR或AR的更高级形态应当是一种虚实信息的完全无缝融合。如科幻电影《普罗米修斯》中所示，通过全息投影技术，虚实信息完全叠加、融合在三维空间中，人们可自由地在现实空间中与虚拟对象进行互动。目前，与这个目标还有相当的距离。

1.1.5 概念性结构及主要模块

虚拟现实系统的概念性结构如图1.5所示，该结构简洁地表达了一个完整的VR系统所应具备的模块及模块间的关系。

从图1.5中可以看出，VR系统应当包含3个方面的内容。

第一是介入者，即人。VR系统是给人体验的，必须以人为本，在进行VR系统开发时必须深入了解人的感官特性，明确需要给人提供什么样的信息，才能更好地产生沉浸感。同时，人的动作、方位、声音等信息也是VR系统的重要输入信息，基于这些信息才能实现人与虚拟环境的自然交互。

图1.5 虚拟现实系统的概念性体系结构

第二是虚拟环境。即需要在计算机中构建出一个三维、虚拟的环境。这部分又涉及3个内容：（1）计算机硬件平台，如PC机、

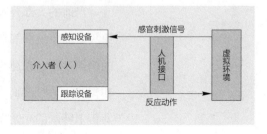

智能手机、PS、Xbox等不同的硬件平台；（2）软件系统，包括硬件平台的操作系统、VR内容制作工具（如3ds Max等）、VR引擎等软件方面的支撑环境；（3）VR内容，即在硬件平台和软件系统基础之上所开发出的一个三维虚拟环境。本书的重点就是讲解如何利用VR引擎来开发VR内容。

第三是人机接口。为了将人和虚拟环境连接起来，需要特定的人机接口设备。人机接口设备分为两种：感知设备（又称输出设备）和跟踪设备（又称输入设备）。感知设备负责将虚拟环境的信息输出给人，为人提供视觉、听觉、力觉、触觉等感知信号，使人产生沉浸感；跟踪设备则负责捕捉人的动作、位置、声音，甚至脑电波等信息，并将之输入给虚拟环境，从而实现人与虚拟环境的实时互动。"人机接口"部分会在1.3.1章节中详细叙述。

1.2　主要应用领域

虚拟现实能够使人体验尚未经历过的，或不可能经历的环境，带给人一种身临其境的感觉，使人留下直接而深刻的印象。这使其可被应用于教育、宣传、展示、媒体传播等领域。虚拟现实还可使人以一种不同于传统的、自然交互的方式与虚拟环境互动，这使其在数字娱乐、创意媒体，甚至模拟训练等方面大有可图。此外，虚拟现实系统需要对环境进行数字化构建，并提供真实感显示，这种数字化过程对于文化遗产保护等方面也有重要意义。总而言之，虚拟现实在诸多行业领域都有广阔的应用前景。

由于虚拟现实所能应用的行业太多，而不同行业的应用形式可能是相似的，因此本节并不按行业领域来对VR的应用进行分类，而是尽量按其不同的应用类型进行分类介绍。

1.2.1　三维漫游与展示

将一个现实的或虚拟的场景在计算机中三维构建出来，并允许用户在其中漫游、交互，这可能是VR最早出现的应用形式，也是VR最为广泛的应用形式。

图1.6 虚拟庞培古城

图1.7 采用全景技术展示的虚拟
西安馆

早在1994年，美国加州大学洛杉矶分校的城市仿真小组就在用Vega等仿真引擎进行各个城市的漫游系统开发。1995年，第一次虚拟世界遗产会议召开，许多研究单位开始用VR技术来复原各种世界遗迹。如美国卡内基梅隆大学开发的虚拟庞培古城，如图1.6所示，开发者根据历史资料重建了地中海地区被维苏威火山所毁灭的庞培城，用户可以在城中自由浏览，与城中的人对话，当点击某个遗迹时，会弹出该遗迹的详细说明。

2010年上海世博会筹备的同时，世博委同时启动了"网上世博会"的计划。该计划拟采用VR手段来展示世博会的各个展馆，并允许人们可通过互联网进行VR系统的访问，图1.7是当时水晶石公司开发的西安馆虚拟现实系统。为了方便用户在网络上进行浏览，其采用了全景图的方式进行呈现。

三维场景漫游与展示系统将现实的或虚拟的场景进行了完全的数字化构建，这在遗产保护、场景互动展示等方面具有重要意义。近年来，这种方式也被广泛应用在了旅游、展览、房地产等应用领域之中，具有广阔的应用市场。现在，随着VR头盔等沉浸式VR设备的普及，三维场景漫游可以达到更为强烈的沉浸感体验，已成为一种被普遍使用的、非常有效的体验、宣传形式。

1.2.2 数字娱乐

虚拟现实的沉浸感体验与互动性提供了一种全新的体验形式，这使其在数字娱乐方面具有直接的应用价值。当前，VR技术、设备已被广泛应用在了电子游戏、体验馆、4D影院等数字娱乐之中，使VR获得了广泛的市场应用。

另一方面，数字娱乐也成为VR技术产业化的最大推动力之一。数字娱乐的市场需求极大地促进了VR技术的研发。许多成功的VR技术、设备都来自于娱乐产品。例如，当约翰·卡马克开发其著名的第一人称射击游戏DOOM 3时，发明了一种快速绘制阴影的算法（基于模板缓冲

图1.8 基于Unity引擎拍摄的电影短片 Adam

的阴影锥算法），该算法后来被用到了很多VR系统之中。如今，游戏领域对画质的极高要求促使VR引擎纷纷改进渲染算法，使得当今一些优秀的VR引擎已可实时生成电影级别的真实感画面，极

大地提高了视觉上的沉浸感，如短片 Adam 便是基于Unity 5.4制作的电影短片，如图1.8所示，其实时生成的间接光照、体积雾等效果已经接近电影级别。此外，体感游戏的发展促使人们发明了许多跟踪设备，如Wii、PlayStation move、Kinect等。这些体感设备已被广泛应用在了VR系统开发之中。

　　高盛公司在其2016年发布的行业报告《VR与AR：解读下一个通用计算平台》中预计，在VR的九大主要应用领域中，数字娱乐（包括视频游戏和视频娱乐）将占到整个VR产值的40%以上，在标准预期模式下将达到148亿美元。可以预见，VR技术将与数字娱乐应用更为紧密地结合起来，互相促进、共同发展。

1.2.3　系统仿真与模拟训练

　　前述三维漫游应用中主要强调对环境外观的真实感再现。在此基础上，如果能够在模拟时基于可靠而准确的数据，并遵循真实的物理模型，那将能实现对环境或系统运行规则的高度真实感仿真，这将可用于系统仿真和模拟训练。

　　以飞行模拟为例，传统方式下，要训练一个飞行员非常不容易，因为很难让初学者直接去真机上练习。为此，人们很早就开始考虑采用VR的方式来训练飞行员。即构造一台模拟机，这台模拟机的"窗口"中可显示逼真的机外场景，模拟机舱提供六自由度的运动感觉，并仿真了真飞机的操作按钮及飞行反馈。在操纵真飞机前，初学者可在这台逼真的模拟机上进行充分的练习。这种模拟训练方式获得了巨大成功，现在的D级飞行模拟器已可达到非常高的真实度，当一个飞行员在D级飞行模拟器上训练完毕，通过了所有测试，完全可以直接走上真飞机进行飞行。事实上，飞行模拟训练是当前VR产业化最成功的范例，如图1.9所示为基于Oculus Rift开发的飞行模拟系统。

图1.9 基于Oculus Rift开发的
飞行模拟系统

除了飞行模拟训练，VR还被广泛应用在轮船驾驶训练、灾害模拟、医学手术模拟、复杂机械制造仿真等方面，发挥了巨大作用。

1.2.4 虚拟地理环境

所谓虚拟地理环境（Virtual Geographic Environments，VGE）是指将虚拟现实技术应用于现实地理信息的数字化重构、三维可视化表现以及环境模拟与预测之中。它是虚拟现实技术与3S 技术（地理信息系统、遥感技术、全球定位系统）深入结合的产物。随着数字地球、数字城市等应用的深入发展和迫切需要，VGE 成为一个研究和应用的热点。与前面提到的一般性的场景漫游、数字娱乐不同，VGE 有比较强烈的行业应用背景，需要更多的行业数据和知识的支撑。由于3S技术已经深入到了人们生活的许多方面，使得VGE 技术有可能对人们的生活产生广泛的影响，如图1.10所示为Google地球VR版。

图1.10 Google地球VR版

值得注意的是，VGE和3S技术的发展也对VR相关的基础技术研发及应用有推动作用。例如，当前广泛应用于3S领域的倾斜摄影技术可以基于多角度图像快速重构出大场景的三维信息，这对于VR领域中的场景建模也具有很好的应用价值。

1.2.5 创意展示、体验

通俗地理解，所谓创意展示、体验是指采用一种新奇的、艺术化的表达形式，如抽象化、可视化、互动化等形式来表现某个内容，使人留下深刻印象。例如，2010年上海世博会期间，水晶石公司将《清明上河图》采用投影的方式投射到十几米的长幕之上。观众观看时会发现图中的水面在微微波动，图中的人物在走来走去，甚至能听到图中人物的叫卖之声，给人留下了深刻印象。

2015年中央电视台春节联欢晚会时，李宇春的歌曲表演采用了一种"全息投影"的方式进行表现，舞台上同时出现了四个李宇春，并有绚丽的光影效果，带给观众不同寻常的体验。其采用的并非真正的全息技术，只是通过一种透明反射玻璃对图像进行反射从而给人一种图像显示在空中的错觉。

日本一家服装公司在其服装专卖店的橱窗中安装了Kinect来捕捉观众动作，当有人在橱窗前作动作时，橱窗中的木偶模特就会随其动作而动，吸引了大批观看者。这些创意展示、体验并非纯粹意义上的VR，但他们都运用了VR中的关键技术，如水晶石的清明上河图利用了动画技术，李宇春的表演利用了VR中的一种全息显示装置，而可动的橱窗模特则使用了动作捕捉设备来进行体感互动。

虚拟现实所能产生的多感官体验及自然人机交互使其在创意展示、体验上具有很好的应用价值。近年来，甚至出现了一个新的名词："虚拟现实艺术"，指以虚拟现实、增强现实等技术作为媒介加以运用的艺术形式。可以预见，随着我国创意媒体产业的巨大发展，VR在创意媒体、艺术表现中会有更为广泛的应用。

1.2.6 社交

1994年第一次世界互联网大会召开时，人们就提出了VRML（Virtual Reality Modeling Language）的想法和工具，目的是在互联网上构建虚拟世界。

2003年Linden实验室开发了第一个有规模的网上虚拟现实社交系统 *Second Life*。该系统在2006年末和2007年初由于主流新闻媒体的报道而受到广泛的关注，并在2008年达到了1350万的用户注册量，引起了很大的轰动。甚至Google公司也开始构建虚拟社区Google Lively。国内则一下子涌现出了数十家做类似系统的公司。然而好景不长，虚拟现实社交系统很快就由于网络加载速度慢、真实感程度低等技术问题以及缺乏盈利点等商业问题而陷入低谷。国内公司纷纷破产或转型，Google公司则在2008年底果断地砍掉了仅存在了半年的Google Lively项目。从此虚拟现实社交逐渐淡出了人们的视野。

直到2014年，世界最大的社交网络公司Facebook宣布以20亿美金之巨收购虚拟现实头盔公司Oculus，虚拟现实社交才重回人们的记忆。

也许伴随着这波VR的产业热潮，VR社交将重新焕发生机。

2016年4月，在旧金山召开的Facebook开发者大会上，一名报告者头戴Oculus头盔，手持手柄与远在英国伦敦的同事进行了一个网上VR社交的现场演示，如图1.11所示。演示中报告者与同事可瞬间转换到不同的场景之中，并能感知对方的方位、手势，以一种更自然的方式进行交互，甚至还能在虚拟世界中合影。这个演示仅仅是Facebook公司推出的一个Demo系统，尚无成熟的产品或系统出现。但从中可以感受到VR社交可以带给人们一种前所未有的社交体验，其相对于一般的网络社交和现实场景社交具有很多独特的优势。也许，VR社交未来终究会成为一种影响人们生活的重要应用形式。

1.2.7　媒体传播

一些研究者直接将VR认为是一种新的媒体。因为VR能够将信息以一种全新的方式"传达"给受众。许多传统媒体公司已纷纷将VR技术应用于新闻传播或专题报道中。

2015年，《纽约时报》与虚拟现实公司VRSE以及Google公司合作上线了虚拟现实新闻客户端NYT VR。老牌的美国广播公司（ABC）新闻部也在2015年联手虚拟现实专业技术公司Jaunt，推出了全新的"ABC News VR"，利用虚拟现实技术报道新闻。在这些应用中，用户只需带上VR头盔就可以VR的形式体验新闻。

与此同时，VR应用中的全景视频开始被大量应用在新闻报道、媒体直播中。2015年1月，世界第一部VR纪录片 *Clouds Over Sidra* 录制完成；2015年10月，中国首部VR纪录片《山村里的幼儿园》发布，如图1.12所示；2015年10月，NextVR和CNN联合采用全景直播方式报道当时的美国总统竞选辩论会；2016年12月30日，王菲演唱会提供了全景直播方式；而2017年中央电视台春节联欢晚会也专门开辟了全景视频的通道。VR似乎已成为了当前媒体传播不可或缺的元素。

事实上，将VR应用于媒体传播依然处于试水阶段，其编剧、拍摄、剪辑等各个环节都还处于摸索阶段，而播放渠道、受众人群也十分有限。不过，应当相信，VR所能带给受众的沉浸感、互动性体验必会使其在媒体传播中占据一席之地。随着VR技术逐步普及、应用形式不断完善，VR在媒体传播中的作用、规律应会被人所认识，并发挥巨大作用。

1.3　虚拟现实硬件设备

虚拟现实硬件设备是用户进入虚拟空间的必备条件和入口，本节将从"人机接口设备""VR硬件产品"两个方面介绍虚拟现实的硬件设备。其中，人机接口设备包括感知设备和跟踪设备，是组成虚拟现实系统的模块，并不能直接体验VR内容，而是在整个系统中作为一种输入或输出设备；VR硬件产品则是市场上主流的整套产品，可以通过这些设备直接体验虚拟现实的相关内容。

1.3.1　人机接口设备

一、感知设备

感知设备可分为视觉感知设备、听觉感知设备、触觉/力觉感知设备、嗅觉感知设备、味觉感知设备等。根据实验心理学家统计，人类获取的信息83%来自视觉，11%来自听觉，这两个加起来有94%。还有3.5%来自嗅觉，1.5%来自触觉，1%来自味觉。可见视觉和听觉是人最重要的信息获取来源，因此，视觉感知设备和听觉感知设备成为研究最多的设备。触觉等其他感知设备虽然不是当前的研究重点，但这些感知在某些体验环境下也具有重要作用，因此一直以来都有相关的研究工作。下面分别进行简要介绍。

1. 视觉感知设备

最常见的视觉感知设备就是电脑的显示器。但普通的显示器屏幕太小，无法覆盖人的视野，沉浸感不强。为此人们发明了各种各样的沉浸式显示设备。如头戴式显示器（Head Mounted Display，HMD）、大屏显示器、CAVE（如图1.3所示）等。这些设备可以覆盖更宽的视野，并可提供立体视觉的影像，具有较强的沉浸感。

值得一提的是，在这些沉浸式显示设备中，目前最受青睐的当属头戴式显示器（现在常被称为VR头盔）。这种设备能以很小的体积就把人的视、听等主要感官都覆盖住，并具有头部方位跟踪功能，是最方便、最经济的沉浸式VR设备。当前这一轮VR热潮的导火索就来自于一款VR头盔"Oculus"的发明。

2. 听觉感知设备

最常见的听觉感知设备就是音箱和耳机。通过给两耳施加不同的声音信号，可产生立体声效果，从而使人感知三维虚拟环境中逼真的音效。

前面提到"人类获取的信息的11%来自听觉"，但事实上在沉浸式虚拟环境中，3D音效的作用可能远大于11%。如Jaunt的首席声音工程师Adam Somers所说，"听觉能占到沉浸式体验的50%"。所以对听觉感知设备相关技术的研发，尤其是虚拟环绕声技术的研究一直是人们关注的热点。

3. 力觉/触觉感知设备

力觉感知设备能给人提供反馈力，从而使人感受到虚拟世界中力的作用。如图1.13为一种力反馈手柄，通过六自由度的操作杆给人提供力的作用。图1.14则为一种外骨骼式的力反馈设备，通过佩戴在人手上的装置来实现对手部的力反馈作用。

触觉感知设备力图给人提供对对象的接触感，并进一步使人感知虚拟对象的材质、纹理或温度。如AxonVR公司在2016年5月推出了一种触觉反馈套装AxonSuit，该套装由一件上衣、一条裤子、一双手套和一双靴子组成，能够为身体各个部分提供触感乃至温度反馈。套装上安装了大量微小的感知单元组成，每个感知单元都可以提供各种程度的压力和热量，由此来模拟不同的质感和温度。当用户穿上套装在一片虚拟沙漠中漫步时，可以感觉到浑身都热乎乎的，而脚底的触感反馈甚至能够

图1.13 力反馈手柄（拍摄于浙江理工大学人机交互实验室）
图1.14 Dextra Robotics公司设计的手部外骨骼设备Dexmo F2

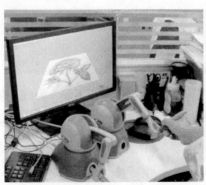
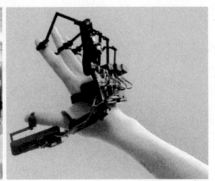

模拟行走的感觉。

4. 运动感知设备

最典型的运动感知设备是六自由度的运动座椅，该运动座椅可以为用户模拟出坐在车上或飞船上的晃动的感觉，当前已被广泛应用于VR体验馆或主题公园中的4D影院。

5. 其他感知设备

人们在嗅觉、味觉等方面也有少量研究。2008年，来自约克和华威大学的科学家小组，研制了世界上第一款能够同时模拟5种感觉的虚拟现实装置——虚拟茧，如图1.15所示。戴上这种"虚拟茧"头盔，人们能够体验到立体视觉、环绕立体声、风吹、嗅觉、味觉等多种感官信号，从而产生强烈的沉浸感。但该装置目前只存在于实验室中，还没有实用的产品出现。

二、跟踪设备

感知设备是将计算机的信号输出给人，对人产生刺激。与之相反，跟踪设备则试图捕捉人的信号，并将这些信号输入给计算机。VR系统会根据这些信号对虚拟环境进行实时调整，从而实现人与虚拟环境的互动。根据所捕捉信息的不同，跟踪设备分为位姿跟踪、空间定位、声音识别、意念操纵等，下面分别进行简要介绍。

1. 位姿跟踪

所谓位姿跟踪就是对人的身体动作进行感知。从广义而言，鼠标就相当于一种位姿跟踪设备，只不过鼠标相当于只能捕捉人的一根手指在二维平面中的位移，无法实现更自然的人机交互。至今人们已经发明了许多针对动作、手势的跟踪设备，努力实现VR系统中人机自然交互的目标。这些设备有些是专业级别的，非常昂贵；有些则相对廉价，并已被广泛使用。

图1.15 "虚拟茧" 头盔

2. 专业级的全身动作捕捉设备

全身动作捕捉设备也常被称为动捕仪。这些设备从原理上可分为：机械式、磁场式、超声式、光学式、惯性式、神经/肌肉跟踪等。目前得到最成功应用的是光学式和惯性式的动捕仪。

光学式动捕仪需要在一个固定场地四周挂载多个摄像头，并一般需要在人的关节部位贴

上感光点；当进行动作捕捉时，通过多摄像头同时拍摄影像，利用立体视觉原理就可以计算出人体关节的空间坐标，实现对人体动作姿态的捕捉。

惯性式动捕仪则是利用一种惯性式的方位感知元件来捕捉人体动作。在人的主要关节处穿戴上这种感知元件，接受每个元件的方位变化信号，就可实现对人体姿态的跟踪，如图1.16所示。

目前这两种动作捕捉仪已经在电影特效、动画制作中获得了广泛使用。如图1.17是电影《阿凡达》中利用光学动捕仪来捕捉演员的动作。

3. 相对廉价的动作捕捉设备

上述专业级的动捕设备价格昂贵，动辄数十万、上百万，一般用户很难有机会使用。但如果降低要求，不要求全身动作捕捉，或者不要求非常高的精度，那么会有很多相对廉价的设备可供使用。近年来，一些廉价的动作捕捉设备已经获得了广泛使用，尤其在体感游戏方面获得了很多应用。这些设备包括以下几种。

EyeToy，是索尼公司2004年为PlayStation 2游戏主机推出的一种动作感应装置，如图1.18所示。当安装EyeToy后，用户只要在摄像头前作动作，就可以与屏幕上的虚拟对象进行互动游戏。EyeToy的原理并不复杂，其动作捕捉设备就是摄像头。基于视频、图像处理技术，EyeToy就可从摄像头所拍摄的视频中感知人体的动作变化，从而实现人体与虚拟环境的交互。这种游戏改变了传统PC游戏中用鼠标、键盘交互的模式，提供了一种新颖的"体感"交互方式，当时获得了不错的销售业绩，卖出了上千万套。

任天堂的Wii控制器，是任天堂公司在2006年推出的一种新的家用游戏机手柄。Wii控制器中配备了方位感知元件，当用户手握

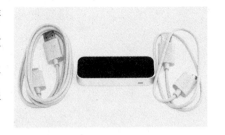

图1.19 Leap Motion摄像头

Wii控制器做动作时，就可以与游戏中的对象互动。基于这种体感设备，任天堂公司在其Wii游戏机上配备了上百款体感游戏，获得了很大成功。

索尼的PlayStation Move与任天堂的Wii控制器类似，索尼公司在2010年推出的PlayStation Move能够感知用户的动作，其结合了光学捕捉的方式来进行方位计算，据说可以达到更高的捕捉精度。PlayStaton Move配合索尼的Play Station 3游戏平台来使用，也获得了广泛使用。

Kinect，是微软公司2010年推出的动作捕捉设备。应用Kinect，不需要在用户身体上附着任何装置，就可以捕捉到用户的动作、手势、甚至表情。原理在于其采用了深度摄像装置来感知场景的深度信息，基于深度信息就可有效捕捉人的动作。微软公司一开始主要将Kinect用于其Xbox游戏平台，但许多用户将Kinect用在了虚拟现实、创意展示、医疗康复训练、动作检测等非游戏领域。Kinect成为历史上销售速度最快的消费类电子产品。

Leap Motion，是Leap公司2013年推出的一款小巧的手势捕捉设备，如图1.19所示，其利用两个红外摄像头实现对人的精细手势的跟踪。由于其小巧易用，价格低廉，获得了广泛关注，许多人用Leap Motion实现VR系统中的手势交互。

4. 空间定位技术

位姿跟踪设备的重点是对人在本地的动作进行跟踪，而空间定位技术则是要感知用户在一个三维空间内的精确方位，这对于实现人在虚拟场景中的自由移动是不可或缺的。随着VR应用需求的快速增长，空间定位技术目前已成为一个研究和应用的热点。

GPS就是一种典型的空间定位技术，但一般民用的GPS精度太低，无法满足VR应用的高精度定位要求。前面提到的光学动捕仪可以实现空间定位，但价格昂贵，无法推广。

当前的一些VR头盔设备已提供了几种空间定位的解决方案。HTC Vive推出了一种LightHouse技术可实现大约5m×5m空间范围内的精确实时定位。其在空间的两个对角各安装一个激光发射器，不断对空间进行激光扫描；而HTC Vive头盔和手柄上有超过70个光敏传感器，通过这些传感器接收到激光的时间就可以准确计算出头盔及手柄的方位。Oculus Rift头盔则采用了一种星座（Constellation）跟踪系统来进行空间定位。在空间中放置一个或多个台灯装的红外摄像机，在其头盔上装备有一些红外发光点，通过感知红外发光点来进行头盔的空间定位。

上面两种技术都需要在场景中安装基站，使用上不太方便，而微软公司近期推出的Hololens头盔则无须在场景中安装任何装置，其通过头盔上的深度摄像头和多颗鱼眼摄像头对周围环境进行感知，利用一种SLAM（Simultaneous Localization and Mapping）技术来实现空间定位。这种方式对用户而言更方便使用，但技术难度更大。

5. 语音识别

语音识别技术可以让电脑识别人的语言命令，从而使得人可通过说话来与虚拟世界交互。这相当于是对语音信号的跟踪。当苹果公司2011年10月推出iPhone 4s时，其最大的亮点即在于其语音识别系统Siri。而如今，语音识别系统已经成为智能手机中的标配。

一般而言，语音识别大致分为两个步骤，首先将语音信号转换为文字，然后从文字中判断人的意图。前者目前已具有较高的准确率，而后者涉及自然语言处理的问题，具有更高的难度，尚需要人工智能领域更深入的研究。

6. 意念操纵

意念操纵是指人通过意识来控制计算机。这听起来很玄，但其实早在20世纪80年代，美国军方就在用猴子做相关的实验。其通过植入式芯片来读取猴子的脑部信号来实现脑电波对机器的控制。

近年来这方面出现了很多研究工作，大部分工作都采用了在人头部佩戴非侵入式的脑电波感知设备，基于脑电波来判断人的意图。如美国Emotive Systems公司在2010年TED大会上所报告的一项设备，如图

图1.20 意念控制设备Emotive EPOC

1.20所示，带上这款设备，首先需要让系统记录用户的基准信息（即用户什么也不想，让系统记录一下用户在这种无意识状态下的脑电波）；然后，对系统进行训练，如当用户思考"拉近"这个动作时，告诉系统这个脑电波的目的是要将物体向用户

的方向平移，使用户建立这种脑电波与"拉近"这个命令的对应关系；训练完毕后，当用户思维"拉近"这个动作时，系统就会识别出用户意图并将物体拉近。Emotive Systems公司在此项技术基础上推出了产品Emotive EPOC。但总体而言，意识操作目前还处于实验阶段，功能有限、容易受干扰，准确率尚待提高。

上面分别介绍了感知设备与跟踪设备，需要注意的是，在一个完整的VR系统中，既要有感知设备，也需要有跟踪设备，两者有机结合才能完成人与虚拟环境的互动。另外，人机接口设备与VR眼镜的配合使用效果会在第二章第4节结合具体案例进行介绍。下面介绍目前市场上完整的VR成像设备产品。

1.3.2   主流产品解决方案

根据虚拟现实头盔的工作原理，可将其分为三种类型，分别是外接式、移动式、一体式三种类型。外接式VR眼镜即将VR头盔同PC或游戏主机相连接，如HTC Vive、Oculus Rift等；移动式VR头盔指将手机安装于VR眼镜内部进行体验的产品，如Gear VR、暴风魔镜等；一体式VR眼镜是将处理设备内置于眼镜中，体验者可不需要接入任何其他设备进行体验，如Hololens、大朋M2、Pico NeoVR等产品。下面选取使用最广泛的几款产品进行介绍。

1. HTC Vive

HTC Vive是外接式VR眼镜的代表，由HTC公司与Valve公司联合开发的一款虚拟现实头戴式显示器，于2015年3月在MWC2015上发布。由于有Valve的SteamVR提供的技术支持，因此在Steam平台上已经可以体验利用Vive功能的虚拟现实游戏。

产品通过以下三个部分致力于给使用者提供沉浸式体验：一个头戴式显示器、两个单手持控制器、一个能于空间内同时追踪显示器与控制

图1.21 HTC Vive全套产品

器的定位系统（Lighthouse），如图1.21所示。Lighthouse系统采用的是Valve的专利，它不需要借助摄像头，而是靠激光和光敏传感器来确定运动对象的位置，也就是说HTC Vive允许用户在一定

范围内走动。这是它与另外两大头戴式显示器Oculus Rift和PS VR的最大区别。在头戴式显示器上,HTC Vive开发者版采用了一块OLED屏幕,单眼有效分辨率为1200×1080,双眼合并分辨率为2160×1200。2K分辨率大大降低了画面的颗粒感,用户几乎感觉不到纱门效应。并且能在佩戴眼镜的同时戴上头显,即使没有佩戴眼镜,400度左右近视依然能清楚看到画面的细节。画面刷新率为90Hz。

HTC Vive对显卡要求较高,目前官方仅对于GTX970及以上的显卡做了驱动适配,低于此版本的显卡均无法使用此产品。HTC Vive中的灯塔是用激光反射的原理对头显等设备进行定位,如果环境中带有这类反光的物体,如镜子等都会影响设备的正常工作。除此之外,VR头盔重量较大,影响佩戴的舒适感,以及影响使用的灵活度。Vive的动作追踪器最大可覆盖15ft×15ft的面积(约20m²)。

鉴于HTC Vive捕捉范围较大,因此如果要开发需要玩家在游戏中大空间移动的内容,则可以选择此款产品。

2. Oculus Rift

Oculus Rift同样是一款接入PC电脑的外接式VR眼镜。Oculus VR公司由约翰·卡马克(John Carmack)任CTO,先后推出DK版本和CV版本,它们是一款为数字游戏设计的头戴式显示器,其CV版本如图1.22所示。此款VR眼镜具有两个目镜,每个目镜的分辨率为640×800,双眼的视觉合并之后拥有1280×800的分辨率。具有陀螺仪控制的视角可大幅度提升沉浸感。

与HTC Vive不同的是,Oculus Rift使用的定位技术是通过红外线技术。其基本原理是在空间内安装多个红外线发射摄像头,被定位物体的表面则需要安装红外反光点,摄像头发射红外线经红外反光点发射后再获取这些红外光,配合多个摄像头经过计算后便能得到被定位物体的空间位置坐标。Oculus配备了两个主动式红外摄像头,除此之外,VR头盔上还配备了九轴定位系统,以防止当红外光被遮挡时无法获取位置信息。

不足之处是,Oculus Rift配置的红外摄像头视角有限,所允

图1.22 Oculus Rift CV版

许玩家活动的空间十分有限，仅约为1.5m×1.5m。因此，在移动交互方面，Oculus Rift表现一定的劣势。在选择设备时，如果基于Oculus Rift进行应用系统的开发，则活动空间应尽可能限制，最好能做到在原地活动。

3. PlayStation VR

PlayStation VR是一款外接主机的VR设备，由索尼公司于2016年发布，配合PlayStation主机进行使用。PlayStation VR头盔重量约380g，视角100°，120fps的帧频率，就性能来说并不输给HTC Vive和Oculus Rift。

从硬件上开看，PlayStation VR在空间定位方面采用了可见光定位技术，其基本原理与红外线定位技术基本相似，利用摄像头发出的可见光捕捉被追踪的对象，即在不同的被追踪对象上安装可发出不同颜色的发光灯，摄像头通过捕捉这些颜色光点来区分被追踪对象的位置和信息。PlayStation VR的头盔可发出蓝色可见光，而体感控制手柄Move分别安装了蓝色和粉色可见光发射器，如图1.23所示。PlayStation VR的这种技术不足之处是受环境光影响较大，一旦环境中有相同光或受到遮挡则很容易造成定位错误，同时摄像头视角较小，可移动范围非常有限。

另外，对于女生以及头部稍小的用户，头盔佩戴时并不能很好地贴合脸部，下面会漏光，影响用户体验。其次，PlayStation VR缺乏瞳孔调节功能，一旦用户不是标准瞳孔，就会影响用户体验。

4. Gear VR

Gear VR为移动式VR产品，又名"三星Gear VR"，是三星公司推出的一款VR头戴式显示器，如图1.24所示。体验时需要将手机安装在Gear VR之上进行体验。

使用时需要打开Gear VR的黑色外罩，将手机以屏幕朝里的方式固定到 Gear VR 上。新一代的 Gear VR 是三星和 VR 设备领头羊 Oculus 共同设计的。此外，在 VR 眼镜两侧还有触控板，体验者可通过触控板进行控制。并且带有调节焦距、供电口、屏保与唤醒的等功能。

作为一款移动式 VR 眼镜，其最大的限制就是处理能力的问题。VR 需要很高的帧频率，而作为手机而言，进行手机端实时高帧频率实施渲染还不够理想，因此在影视领域使用更广。而相比其他外接式 VR 设备，移动式 VR 眼镜无法配置空间定位系统，因此从交互手段来说远不及外接式设备。

目前，市场上成熟的 VR 体验设备除之前提到的四款之外，还有很多 VR 眼镜产品，在此不一一赘述。

基于 VR 头盔的应用系统开发往往会利用其他人机接口设备拓展其交互手段。如 Leap Motion 手势跟踪设备，最近的新一代产品专门配备了一个支架，用于将 Leap Motion 安装在 Oculus 等头盔上，其目的就是为了使人在佩戴头盔浏览 VR 场景时，能用手与 VR 场景互动。

在接口设备的应用开发方面，接口设备制造公司一般会提供该设备的相关 SDK，方便人们开发使用。而且，设备公司或第三方的开发者也会专门针对某些 VR 引擎提供开发包，这使得基于这些 VR 引擎进行相关设备的应用开发变得非常方便。例如，上面提到的常用 VR 设备，如 HTC Vive、Oculus Rift 等头盔，Kinect、Leap Motion 等跟踪设备都有针对 Unity 和 Unreal 引擎的开发包，这使得一般用户都可以基于这些引擎开发出带沉浸感和自然人机交互的 VR 作品。

1.4 虚拟现实产业的现状与发展

自 2012 年以来，Oculus、Google、Sony、Samsung、HTC、Microsoft 等公司相继发布了自身研发的 VR/AR 头戴式显示设备；进入 2015 年，全球百强企业已有超过半数涉足虚拟现实行业；2016 年更是虚拟现实市场爆发的一年，季度营业额稳步提升，虚拟现实设备出货量同比增长逾 10 倍，"虚拟现实元年"的称呼也应运而生。

在 Digi-Capital 刚刚发布的"2017 年增强现实和虚拟现实报告"中指出，如图 1.25 所示，2016 年 VR/AR 市场规模 39 亿美元，其中 VR 收

图1.25 Digi-Capital对VR/AR
市场规模趋势预测

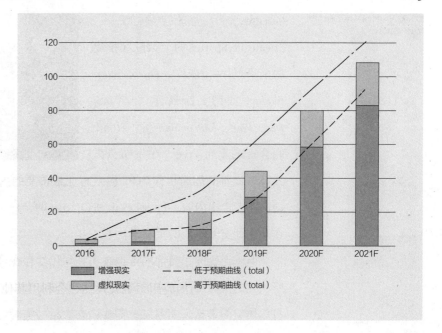

入27亿美元。报告预测，2021年全球虚拟现实市场规模将达到250亿美元左右。可以肯定的是，虚拟现实不光是一次技术革命，更是一场由技术推动的社会革命。在这场技术的升级过程中，每个人都将通过虚拟现实技术获得改变生活传统的服务，世界的产业体系将迎接来一个全新而具有强大竞争实力的参与者。虚拟现实时代正在来临。

1.4.1　VR产业的发展现状

1. 技术方面

虚拟现实技术的开发是产业发展的核心所在，是拓展市场领域、吸引用户群体、刺激消费投资的中流砥柱。随着虚拟现实技术近几年的开发，无论是在硬件设备上还是虚拟现实内容上，都有了很大的提升。

硬件上，目前行业中主要存在以下几种虚拟现实硬件产品：手机VR产品、头戴式显示器（PC或主机）VR产品、基于空间定位的大型VR模式。新时代的虚拟现实产品对比历史上出现的产品——以Oculus、Google、HTC等公司的第一代和最新代产品为例，新晋产品拥有更优秀的图像处理技术，更精密的动作追踪和更好的便携性。随着生产力的提升，解决成本和量产问题之后，该代产品必定为虚拟现实产业打下坚实的基础。

内容上，绝大多数虚拟现实硬件产品的推出都伴随着与其自身紧密相关的服务平台，为其提供内容。如Google自2015年以来伴随着

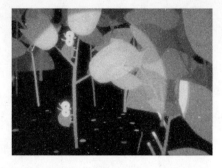

Google 360°全景视频APP——Spotlight Stories的上架陆续推出的全景短片：*HELP*、*Duet*、*Buggy Night*（如图1.26所示）、*Windy Day*、*Pearl*、*Rain or Shine*等；Steam联合HTC发布Vive，在发布头戴式显示设备的同时也作为PC游戏行业最重要的内容发行商和服务平台向消费者输出内容；Facebook和Oculus的合作也展示了虚拟现实技术在未来社交网络上的重要性。

但毫无疑问，目前的虚拟现实技术仍然存在许多的缺陷，诸如上文所谈到的主流解决方案的局限性。要实现一个模拟真实世界，接近人体自然体验的虚拟现实系统，需要面临大量的实时传感性能、数据模型重建、空间定位方案和数据处理单元性能等技术问题，而这些技术问题将指向一系列基础研究的创新方向和多学科之间的交叉研究。

首先，缺乏成熟的交互解决方案。目前市场上主流的交互方案包含以下三种：用主流的输入设备，如鼠标键盘、手柄或kinect等实现虚拟操作的VR方案；通过定位实现的VR游戏房；通过跑步机实现固定位置互动的VR方案。这三种主流交互方案都具备诸如操作和现实分离、不适用于个人技术生活发展、具有交互行为限制和学习成本等降低用户体验和不宜推广的缺陷，这样的交互模式不能支撑起更多更广泛的业务内容，难以长期适用，很难对整个产业的成熟发展起到促进作用。交互方式的匮乏也影响了虚拟现实内容的拓展：内容供应商只能依照当前设备所具备的交互方式来设计交互手段和内容供应，进而造成了虚拟现实作品题材严重匮乏，创新力低下的现状。

其次，虚拟现实的图形图像开发、三维建模、人机交互等应用技术门槛高、成本高，只有少部分公司具有研发核心技术的能力和资金支持，大部分公司由于缺乏核心技术研发和产品开发人才，难以获得融资，无法插手技术创新。

这些亟待解决的技术问题成为限制虚拟现实产业发展的重要阻碍。由此可见，目前的虚拟现实的发展仍然处于瓶颈期。

从2016年底统计的虚拟现实专利申请的数量上来看，美国依然是高居榜首，占比超过了50%。反观国内就目前的发展水平来看，整体技术研发不成熟，缺乏核心专利技术和人才储备。在虚拟现实技术和基础研究方面尚且缺乏顶层设计，重大理论原创性不足，集中优势力量解决重大问题的研发计划较少。

2. 应用领域

虚拟现实技术具有应用领域广泛的特点，不仅适用于大众消费，而且在企业级市场的应用场景也十分广泛。现阶段，虚拟现实技术的主要应用在军事领域、装备制造领域、娱乐领域、医疗领域和工业领域，并且已经取得了一定的成果。但仍有许多领域应用不足或停留在概念和构想阶段，如教育领域和网络销售领域。随着技术和硬件产品的不断提升以及越来越多开发者的加入，虚拟现实技术的行业应用领域将不断丰富和拓展。IDC研究表明，未来排名前三位的虚拟现实应用热点行业为娱乐、房地产、零售和教育，而医疗、演出、展览、模拟驾驶和游乐设施等领域也有明显的市场可供开拓。

《虚拟现实产业发展白皮书5.0》曾提到，虚拟现实"未来的发展应努力向民用方向发展，并在不同的行业发挥作用"。随着虚拟现实技术的发展，必将涉及更为广泛的业务内容，形成多元化的商业模式。在Digi-Capital发布的"2017年增强现实和虚拟现实报告"中做出了以下推断：除了硬件销售之外，广告收入、电子商务销售、移动网络数据将变得越来越重要，这些应用领域将占据未来产业销售收入的75%，如图1.27所示。

整体来说，目前虚拟现实技术所涉及的应用领域较为狭隘。随着虚

图1.27 Digi-Capital对VR产业的数据统计

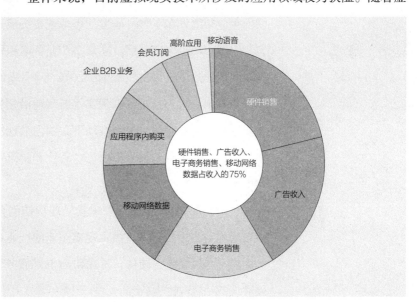

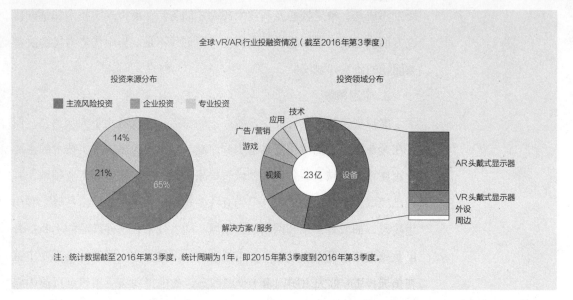

图1.28 Digi-Capital对VR产业投融资的数据统计

拟现实技术开发的推进，还有大批的应用领域有待开发。如何将虚拟现实技术针对不同的应用领域进行相应的项目开发，形成独特的服务内容，占领空白市场，抢占产业制高点，或成为目前众企业争相探索的重点问题。

3. 产业方面

以2014年Facebook20亿美元收购Oculus事件为代表，虚拟现实受到了大量资本企业的关注，众多互联网巨头及细分领域龙头企业纷纷入局，通过自身产品研发和收购VR公司等方式，开始了虚拟现实业务的布局和抢占产业制高点的激烈竞争，如图1.28所示。

在国外，Oculus、Goolge、Sony、Samsung、Microsoft等大型互联网企业相继发布了自身研发的虚拟现实头戴式显示设备和虚拟现实内容。中国市场也紧随其后，在众多产业资本积极涌入的情况下，国内虚拟现实产业热度已仅次于美国。2016年3月发布的"十三五"规划纲要中明确提出，大力推进虚拟现实等新兴前沿领域创新和产业化，形成一批新增长点。在利好政策的推动下，国内涌现出了大批虚拟现实企业和项目团队，其中既包括阿里巴巴、百度和腾讯等互联网巨头，也包括许多中小型企业。

目前，我国VR企业发展现状呈现出初创企业多、团队规模小、产业布局相对集中等特点。虚拟现实企业的产业布局主要集中在终端设备和内容上，以文娱、硬件、游戏和to B端服务领域为代表，其中娱乐和硬件设备领域占比为74%。

硬件领域包括输入设备、输出设备以及软件三个部分，小米、华为、联想、乐视等大型IT公司纷纷参与了虚拟现实硬件及技术建设，此外还有许多终端设备开发商，如移动端设备厂商暴风科技、焰火工坊；PC端设备厂商有乐相科技、蚁视科技、3Glasses等；一体机设备厂商大朋VR等。

内容开发则集中在游戏和影视等娱乐方面，除了网易、盛大、奥飞娱乐等老牌公司之外，还有专注开发内容产品的TVR时光机、互联星梦和兰亭数字等。只有少数企业涉及核心技术开发，但投入低、规模小，在国际产业大环境内缺乏核心竞争力。还有一部分公司选择了注资、提供资金或平台福利的方式入局，如2016年4月，恒信移动宣布以2 270万美元投资VRC虚拟现实影视创业公司；2016年5月，上海文广集团宣布战略投资Jaunt公司，并将联合华人文化控股及其奇侠微鲸科技出资1亿美元组建Jaunt中国；2016年8月，NeztVR宣布完成8 000万美元的B轮融资，网易、中信国安、华人文化控股、中国资本、软银集团等参与投资；2016年11月，联络互动发布对外投资公告，宣布拟以自由资金1 000万美元增资VR眼睛创业公司Avegant等。

整体来说，国外虚拟现实产业发展条件较我国更加成熟，掌握较多核心技术专利，产业链构筑较为完整，与之相较，国内大部分虚拟现实企业集中于产业链中下游，缺乏核心环境研发能力。但虚拟现实产业作为一个新兴行业，目前市场竞争格局还不稳定，用户和企业市场仍存在巨大的空间有待抢占；此外，国内在开发者数量方面拥有天然的优势，可以快速投入开发。国内企业只有不断提升核心竞争力，才能使中国虚拟现实产业避免在国际虚拟现实产业链中低端化，失去国际竞争力和产业话语权。

4. 用户

用户不仅仅是市场的重要参与者，更是行业发展的重要研究对象。

TalkingData、Digi-Capital、高盛集团、艾瑞咨询、KZero Worldswide等数据服务机构和市场咨询公司纷纷在虚拟现实行业相关报告中进行了用户数据的采集和分析；Steam、Oculus Home等服务平台也就用户数据进行了采集和统计。这些报告不仅客观地展现了虚拟现实市场的热度变化，对于虚拟现实产业的发展也有着重要的指引作用。

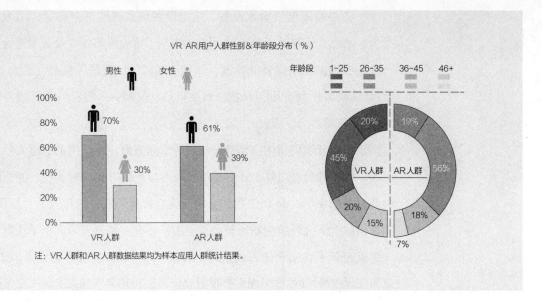

VR AR用户人群性别&年龄段分布（%）

图1.29 TalkingData关于VR/AR用户的数据

　　随着虚拟现实技术的宣传加大，虚拟现实概念在人群中的普及，产品的推广，目前全球的虚拟现实市场都已经建立了一定稳定的用户群体。据TalkingData 12月发布的《2016年VR/AR行业热点分析》报告统计，截至2016年末，全球用户群体当中亚洲虚拟现实用户占比最高，占全球虚拟现实用户的47%，其次为北美洲占29%、欧洲占12%、大洋洲占9%、南美洲占2%和非洲1%；

　　全球虚拟现实用户当中，用户人群性别以男性居多，占70%；当前虚拟现实活跃用户呈年轻态，用户年龄段集中在青年人群，26~35岁占45%，其次1~25岁和36~45岁各占20%，46岁以上的用户占15%，如图1.29所示。

　　中国虚拟现实用户人群规模自2015年以来呈稳步上升趋势，目前的虚拟现实市场还有着大批的潜在用户有待挖掘。在硬件消费诉求方面，约80%的国内用户对虚拟现实设备的期望价格在3 000元人民币以内，其中1 000~3 000元价格范围内的接受程度最高，对应产品主要为移动端VR眼镜及国内PC端头戴式显示设备；在内容消费诉求方面，用户除了对娱乐内容的需求之外，对社交、网络购物等内容的需求也在逐步攀升；在娱乐内容方面，VR视频的需求占比最高，其中80%以上的用户最偏爱的视频内容为巨幕电影，其次为全景视频、全景漫游和全景图片。VR游戏用户普遍看好具有强交互性的游戏，对目前主流市场上存在的游戏类型偏爱程度依次为：射击类、角色扮演类、动作冒险类、格斗类、体育类游戏，VR游戏用户在对游戏的评价过程中，最重要的是游戏画质、真实程度和操作便捷性，其次为游戏可玩性、操作灵敏度、游戏价格、游戏空间需求和游戏种类丰富性。

通过以上数据统计可以得出结论，国内用户的普遍特点为：用户人群集中在具有一定的经济实力、接受过较高等教育的青年人群当中，这一部分人群对于科技数码的了解水平较高，兴趣较大，在目前具有最高的购买力，但随着应用领域和内容市场的开发，其余年龄段的人群也具备着巨大的消费潜力。

中国作为一个电子信息消费大国，拥有大量的用户资源，是未来虚拟现实全球市场中最具消费潜力的国家之一。然而我们不仅仅要作为消费者，更要作为生产者，抓住用户资源，增强消费者的消费意识，为虚拟现实产业的发展提供市场基础，进而不断地提升我国产业的核心竞争力，才能够使中国虚拟现实产业真正地在国际市场环境下占据一席之地。

1.4.2　未来展望

虚拟现实技术带来的颠覆性，会对未来产生多方面的影响，包括新的计算平台与环境、新的技术信息支撑平台、新入口与人际交互环境、新的未来媒体形态、新的发展思维和技术途径。虚拟现实产业的未来具体将表现在以下方面。

更成熟的技术和产品。随着虚拟现实技术逐渐走向成熟，将会突破目前主流解决方案存在的瓶颈。屏幕分辨率、刷新率，交互延迟和设备计算能力等问题将得到优化；输入设备姿态矫正、复位功能、精准度、延迟；传输设备将会得到提速和无线化；硬件体积将越来越小的同时，续航能力和存储容量、配套系统和中间件开发等技术能力也将日趋完善。

产品内容将更加丰富。目前已经有大量内容公司投入虚拟现实内容的开发制作，未来几年，包括PGC、UGC、影视剧、直播以及游戏等内容的数量和质量将会得到质的提升。基于这些内容，虚拟现实设备的普及率和活跃率将得到保障。

产品主流形态将发生更迭。虚拟现实产品主要包括移动式、外接式和一体机三种形态。其中，由于智能手机的普及，移动端产品是目前市场上数量最多的产品类型。相比之下，PC端设备和一体机虽然目前占据的市场份额不多，但潜在用户多、用户规模具有很大的潜力。PC端具有高配置、体验效果佳等优势，随着技术、内容的全面升级，将来一定会被越来越多的人群所接受，逐步成为家庭、工作的必需、必备产品。而作为技术含量最高的VR一体机，既包含了移动VR的方便性和便捷性，同时也包含了电脑端VR的高体验感，在VR领域毫无疑问是最优秀的产品。在逐步解决了处理芯片研发不足、内容缺失和智能化程度低等一系列问题之后，一体机将会成为未来VR产品的主流形态。

更优质的产业成长环境。国家对于虚拟现实产业的发展给予了高度的关注和支持。2016年3月30日，在工信部等国家部委支持下，由100多家骨干企业机构共同发起成立"中国虚拟现实产业联盟"，标志中国虚拟现实行业首个国家级官方组织正式成立。在未来虚拟现实行业的发展过程当中，将会获得更优质的产业成长环境：更完整的产业布局规划和产业链、更优秀的科研资源、更规范的行业和市场标准、更健全的法律体系、更多的扶持政策等。

更广阔的应用领域。未来的虚拟现实产业发展将会由各领域的虚拟现实内容，按时间先后发力所带动。从早期的军事、航天等高端领域，虚拟现实技术将逐步在游戏、旅游、新闻、直播、电影、社交等领域体现出极高的商业价值。

近几年是虚拟现实产业爆发风口期，但也不乏唱衰之声。要想真正地了解虚拟现实产业的未来发展趋势，从虚拟现实产业的历史发展情况来看，现在所处阶段正是"泡沫化的谷底期"与"稳步爬升的光明期"的交接处。据预测，虚拟现实产业真正走向成熟尚需要5到10年。对于虚拟现实行业的从业者来说，现在正是在黑夜中摸索潜行的艰苦过程，只有积累、沉淀下来继续推进，才能够真正地帮助虚拟现实产业逐渐走出黑暗，迎来破晓黎明。

第二章 基于沉浸感提升的设计原则

2

基于头戴式 VR 设备的应用设计及开发与传统桌面式应用开发有很大不同，其中最主要的区别是交互方式和视角模式的特点形成的以沉浸感为核心的设计方法及原则。本章以此为核心阐述在头戴式 VR 设备上开发虚拟现实应用所需要遵循的基本设计方法及原则。

2.1 艺术作品的沉浸感

每个人均有着这样的体验，在儿时聆听父母的睡前故事时忘却黑夜的恐惧，在剧情跌宕起伏的小说中忽视时间的流动，在戴上耳机播放自己喜爱的音乐时仿佛进入另一个世界，在影院关闭灯光后摆脱现实种种琐事带来的烦恼……这些情感以及与之相似的体验即为艺术作品为我们营造的沉浸感。

在游戏设计理论中，"魔法圈"（magic circle）概念即表达了上述的沉浸感，当玩家进入游戏所营造的魔法圈时，也将进入一种享受的、着迷的、发自内心主动的和专注于自身行为过程的心灵状态，包括游戏在内的所有艺术在理论上均能够为体验者营造这种状态。

艺术作品本身即为一种与现实生活不同的事物，创作者们通过艺术作品塑造了另一个世界，它可以具备和真实世界不同的历史、法则，甚至不同的物种、时间规律。当人们去领略这个特殊的世界之时，则需要通过一定的媒介，如油画的画布和颜料、电影的屏幕和音响、电脑游戏的屏幕（输出媒介）和鼠标与键盘（输入媒介）等。当人们进入高度的沉浸状态时，将忽略对媒介的意识，如图2.1所示。例如，在进入电影院观影时，初入影院，还能够意识到其他的观众、座椅、灯光、声音、荧幕等，但随着对剧情的不断熟悉，对情节的进一步关注，将忘却现实世界中影院的种种设施，直接在情感上进入故事当中，将几乎全部精力均集中在主人公的抉择、情节的走向上，在这种高度沉浸的状态中，观众亦会降低自我意识的程度，即俗称"忘我"。

"沉浸"概念实际上存在着两个方面，其一是生理沉浸，其二是心理沉浸。上文描述的都属于高度的心理沉浸状态，不过为了充分地理解这

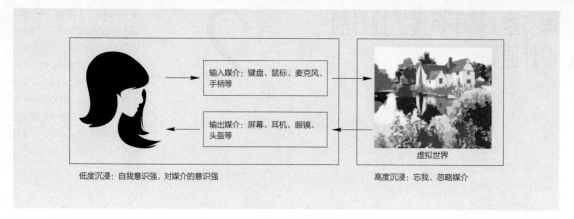

低度沉浸：自我意识强，对媒介的意识强　　　　　　　　　　　高度沉浸：忘我、忽略媒介

图2.1 低度沉浸与高度沉浸

个复杂的概念，还需要更好地理解生理沉浸和心理沉浸的关系。

2.1.1　生理沉浸与心理沉浸

将一颗石子浸入水杯当中，石子处于沉浸状态；在学习游泳时，身体浸入泳池当中，这便是生理沉浸状态。在现实生活当中，人们完全沉浸于真实空间当中，因为五感所捕捉的信号完全来自于真实空间。对真实空间的意识亦来自于人们的感官刺激，一旦进入一个形象、声音、温度、气味等与日常空间截然不同的场所，人们也将迅速意识到自己进入了另一个空间，因为此时人们已经完全"沉浸"于另一个空间当中。

心理沉浸则与生理沉浸有所不同，后者强调在感官层面上感知的世界、进入的世界；而前者形容人们在情感层面上所处的世界。每时每刻，人们均将具有这两种沉浸状态，当处于对某个艺术作品的欣赏状态时，虽然在生理层面上，沉浸于真实空间，但在精神层面上，已经进入了另一个世界，此时高度的心理沉浸状态将使得人们更多地意识到艺术内容与自身的情感变化。日常生活当中人们时常经历这种体验，例如，从住处走往工作场所时，回想方才观看的电影，极易忽略真实空间中道路两旁的花悄然盛开，马路上相较于平时只有更少的车辆，身后的朋友正在呼唤自己等；而当人们专注于现实生活之时，精神亦将集中在真实空间当中，此时高度的生理沉浸状态使得人们更加敏锐地察觉现实空间的信息。

对艺术作品而言，营造良好的心理沉浸氛围是创作者的目标，任何一个艺术家均希望人们在体验自己的作品之时能够专心致志而非神游他方。这首先需要艺术家创造一个优秀的内容，如一首旋律悠扬的乐曲、一个优秀的故事等。此外，还需要为艺术内容选择合适的媒介，使得观众能够快速接受。例如，当作曲家创作好一首音乐作品之时，他能够通过乐谱或音响进行传播，对于受过专业训练的音乐人，这两种媒介为他们营造的心理沉浸程度可能是相差无几的，然而对于不具备读谱能力的听众而言，采用乐谱媒介将难以营造心理沉浸状态，而在收听音响时，听众才能够体会作曲家的情感，从而沉浸于音乐世界当中。

高度的生理沉浸能够辅助体验者更好地达到心理沉浸的状态，以观看电影为例，从二维电影到巨幕、三维电影、4D电影，媒介的传输效率逐步提升，这使得观众能够在生理层面更深入地体验虚拟世界，高度的生理沉浸能够提升观众的伴信性，对于理解和认同故事情节具备良好的支撑，从而对提升观众的心理沉浸状态起到促进作用。

2.1.2 虚拟现实技术营造沉浸体验的方式

虚拟现实作为一种技术，不具备任何内容，无法在内容上塑造心理沉浸氛围，但它是一种传播效率极高的媒介。虚拟现实的三个核心特性之一即为"沉浸感"，该沉浸指代生理沉浸状态的营造能力。作为一种媒介，虚拟现实的高效率体现在两个方面，其一在输出媒介上，其二则是输入媒介。

1. 输出媒介

输出媒介包含视觉输出、听觉输出、触觉输出和还不够成熟的嗅觉和味觉输出。视觉输出主要通过头盔、眼镜等形式，这些设备虽然在外形上存在着一定差别，但共同特点是阻隔了体验者视线对现实场景的接收，例如HTC vive、Oculus Rift等头盔，两块半球形屏幕几乎完全将体验者的左、右眼球遮盖，因而体验者只能够接收虚拟场景的信息，如此便可在视觉上达到高度的生理沉浸状态。

和头戴式VR设备相反，电脑、电视、电影荧幕等二维屏幕虽然也能够呈现十分逼真的视觉效果，但观众通过双眼所接收的信息包含了较多现实场景的影像，如电脑桌上的所有物品、电影院中其他的观众等，如此，观众通过感官传递给大脑的信息是自己依旧存在于现实空间中，所观看到的来自屏幕的情节属于另一个世界，这和虚拟现实头盔完全阻隔现实空间的视觉信息所营造的生理沉浸体验具备一定差距。目前市场上虽已出现了不少简易装置，如植入了虚拟现实眼镜的苹果手机壳，如图2.2所示，但在使用这些设备进行体验时，无一例外的是均需要将镜片尽可能准确地贴合双眼，以阻隔对现实空间信息的捕捉。

在听觉输出方面，虚拟现实技术主要体现在三维音源上。现实生活中，人们通过判断声音到达左耳和右耳的短暂时间差来判断音源的方位，虚拟现实的听觉仿真技术通过模拟这个规律，在虚拟世界中，改变音源到达左、右耳机的速度，使体验者感受到音源的三维特性。这种技术已然在3D电影、4D电影、电子游戏中被广泛应用，属于虚拟现实技术中不可缺少的重要部分。在Unity中，也已经能够便捷地实

现三维声音效果，在添加一个"Audio Source"类型的对象之后，便可在声音组件中设置其为三维音源，还能够添加多普勒效应等。

触觉输出技术在不少传统电子游戏当中已有运用，在使用主机手柄进行游戏之时，有的游戏在部分场合会使得手柄震动。虚拟现实技术中的触觉反馈技术则更为复杂，其震动反馈包含了手持控制器，如HTC Vive的手柄震动；还包含了其他可穿戴设备的震动，如数据手套的震动（如图2.3所示）、带有传感器的数据服装等。

在真实生活中，人们每天均将接收大量的触感信息，例如，在使用电脑键盘编写文档时，不同手指的指尖感受到不同强度的压感，平放于电脑桌上的双手手腕部也将感受到一定的压感，而与桌面接触部分的每个细小部位感受到的触感均有所不同。

传统数字游戏的手持控制器虽然能够传达触感反馈，但仅仅是双手的掌心部位感受到震动，不论虚拟角色的什么部位受到触碰，在真实场景中，感受到震动的均只有掌心。而虚拟现实硬件当中的可穿戴设备的震动反馈不仅面积较大，即戴上数据手套后，体验者手部的几乎各个部位均能够体验震动；这种不同部位间震动强度的差异相较于传统电子游戏手持控制器的震动，能够模拟更多更为复杂的触感。例如，当体验者在穿戴好数据手套后，在虚拟场景中使用双手拾取和放置物品时，当手背与可交互物品进行触碰时，数据手套将在手背部给予体验者触感反馈，拾取物品之时，手掌和所有手指所受到的触感也具备着差异，这种触觉体验更加贴近现实生活中所经历的触感体验，由此来强化生理沉浸程度。

由于味觉和嗅觉的输出技术尚不够成熟，因此绝大多数应用了虚拟现实技术的艺术作品所包含的输出信号通常集中在视觉、听觉和触觉上，在这几种输出信号不断更为贴近现实生活之时，体验者也将感受到更加强烈的生理沉浸状态，以至于相信感官所体验的虚拟世界是存在于真实的物理空间的，或者相信自己真正在物理维度上到达了虚拟世界。

2. 输入媒介

不论人们处于静止状态还是运动状态，在清醒状态下，每时每刻均在感知着周围环境，但这种感知在一定心理预期的基础之上，即人们根据多年的生活经验，大脑能够判断在执行某些特定动作后一定会受到的反馈，如在快速敲击尖锐物体后身体将感知到剧烈疼痛，因此在积累一定经验之后，将能够明确地知晓再次执行此类动作后的结果。大脑在命令我们执行某个动作之时，基于生活经验，依然形成了预期，超越预期的反馈将是新鲜的，并由此更新存储于大脑的经验。

在进行虚拟场景漫游之时，传统的电子游戏通常提供键盘、鼠标或者手持控制器的操作方式，如通过键盘的方向键控制虚拟角色的移动，通过手柄摇杆控制行走方向等，这种操控方式是抽象的，因为体验者在真实空间中所作出的按下按键或推移摇杆的动作和虚拟角色的行走在逻辑关联上并不能够直接对应，无法解释为何在按下按键的时候虚拟角色能够前进，这只是程序设计者强行制定的规则，每个体验者都必须记忆其操控方式才可进行游戏。

然而虽然绝大多数体验者均能够在短时间内习得游戏的操作方式并顺利进行游戏，但这种抽象的操作方式却将大幅降低生理沉浸程度，操作过程已然在潜意识层面告知体验者，他们所体验的是一个虚拟的世界，和现实空间不在一个时空当中。与此相反，虚拟现实技术则进一步简化了操控方式，HTC Vive 的头戴式设备能够直接将体验者在真实世界的行走同步至虚拟世界，人们无须记忆操作虚拟角色行走的按键，只需要和在日常生活中一样迈开步伐，程序即可捕捉虚拟角色的运动信息，从而将变更了的视觉、听觉和触觉信号反馈给体验者，使得体验者感受到自己的确在虚拟世界当中"行走"，这种和现实生活更为相似的漫游方式能够提升生理沉浸程度。

除场景漫游之外，针对更为复杂的手势或体感交互，传统的电子游戏通常使用抽象按键进行触发，例如，街机上的格斗游戏，在触发角色执行格斗动作时，采用推移摇杆和按下按键的方式，人们真实执行的动作（推移摇杆）和虚拟角色的动作（出拳）具备很大差别，体验者需要学习并理解这种不一致性。

虚拟现实技术的优化在于对不一致性的缩小，Kinect设备捕捉人体的骨骼，并将其同步至虚拟角色当中，因此人们能够在真实房间中"踢"虚拟世界的足球；Leap Motion捕捉体验者手部每个关节的位置，因此人们能够在真实的书桌上"采摘"虚拟世界的花瓣；不少第一人称射击游戏的配套体感枪外设与虚拟世界当中角色所使用的枪支在外形上几乎相同，因而玩家能够在真实空间中扣动体感枪的扳机从而在虚拟世界中发射子弹，这种生理沉浸程度相较于按下电脑键盘或点击鼠标按键发射子弹更为强烈，如图2.4所示。

从名称上进行分析，"虚拟现实"是通过虚拟的物品来模拟真实，但虚拟现实并非再现真实，并非建立和现实事物极为相似的三维模型，而是通过生理沉浸式传播，让体验者如同感知真实世界一般感知虚拟，与真实世界互动一般与虚拟世界互动，虚拟现实所虚拟的并非名词概念，而是虚拟感知对象和与对象交互的方式，是虚拟"感知"、虚拟"交互"，虚拟动词概念，从而使得体验者以为虚拟场景是存在于真实物理空间当中的。

结合虚拟现实技术的输入技术和输出技术，综合而言，虚拟现实能够为体验者营造良好的沉浸氛围是基于两方面：其一是使体验者通过感官最大限度地感知虚拟世界，从而忽略现实空间的信息；其二则是使体验者如同和真实对象交互一般与虚拟世界的对象互动，这将引导体验者"相信"在物理维度上进入了虚拟世界。

虚拟现实技术也并非仅仅指代头盔、全向跑步机等，其硬件技术是包含了一切能够在这两方面为人们营造生理沉浸体验的技术，由于人们所接收的外界刺激绝大多数来自视觉信号，因此头盔的重要性也不言而

图2.4 各式各样的降低交互抽象性的输入设备

喻，这是人们将头盔视为虚拟现实技术代表的原因之一，但完整的虚拟现实技术还包含了Kinect、Leap Motion、全向跑步机、体感枪、数据服装等硬件技术，甚至在某些虚拟现实音乐游戏当中，玩家使用的乐器模拟器亦是虚拟现实技术的体现，因为这种模拟器高度模拟了现实世界中演奏乐器的动作。

所有能够模拟真实生活中人们交互方式的技术均可被视为虚拟现实技术的一部分，评判标准需要根据具体的作品进行调整，衡量设计者使用的技术是否是虚拟现实技术，需要观察在人们体验该作品时，他们在真实空间中做出的动作是否和虚拟世界中的动作存在高度的一致性，以及他们通过感官接收的信息是否绝大多数来自于虚拟世界，如果在当前项目中，选择Xbox 360手柄能够更好地满足这些条件，那么选择Oculus Rift配套手柄则未必会营造更为出色的虚拟现实体验。

2.2 原则一：虚拟视点的合理性

从本节开始，介绍具体的设计原则。在讲解理论的同时，会结合"下篇"讲解的"儿童校车安全体验项目"介绍设计原则在实际开发时的具体应用。

设计和制作虚拟现实项目，目标并非是选择最为先进的技术，而是使得技术更好地传达艺术内容，使得体验者能够达到高度的心理沉浸状态，为此需要充分发挥虚拟现实技术的生理沉浸式传播能力。当以营造高度生理沉浸状态为目标时，可归纳总结出几点设计策略，这些设计策略作为高度抽象的理念和指导原则，能够帮助开发者更为理性地选择硬件技术以及开发交互系统。

2.2.1 虚拟视点概述

在真实生活当中，人们的视点即为自己双眼的位置。在虚拟世界当中，体验者也拥有一个观察位置，这就是虚拟视点。设计者在使用Unity等游戏引擎进行开发时，每个被创建的虚拟场景都会默认包含一个摄像机，这个摄像机即为虚拟视点，每个虚拟场景的片段均通过该摄像机传达给屏幕前的体验者，如图2.5所示。

图2.5 Unity引擎中的虚拟视点设置

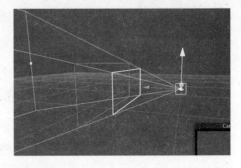

在真实生活当中，人们能够通过自己的位置和姿势，在大脑中产生对未来视觉信号的预期，即想象在当前的状态之下，自己将会看到何种景象。例如，站立于山峰之上和峡谷中，身体位置存在着区别，人们能够根据这种位置的区别理解所看见景象的区别；当站立在房间中，和俯卧于地面上时，人们则依旧能够理解所视物品的位置、大小等的区别，这是当重心位置和身体姿势均存在着区别时，虽然周围环境并未发生变化，但通过视觉接收的信号也依旧是不同的。

在虚拟世界当中，设计者可以为体验者塑造和真实世界截然不同的视点，如模拟昆虫的视点、飞鸟的视点等，在很多艺术作品当中，这些独特的视点成为吸引体验者的重要因素，如图2.6所示。

在使用虚拟现实设备时，其视觉呈现设备使得体验者达到高度的视觉沉浸状态，使人们正如观察真实世界一样观察虚拟世界，虽然体验者所接收的视觉信号全部来自于虚拟世界，但他们预期接受的这些视觉信号和在真实生活的位置和姿势是紧密相关的。例如，当体验者站立于房间当中，他们的预期是自己的眼睛到地面的垂直距离接近于自己的身高；而当用户俯卧于某个支撑平台上，他们的预期则是自己的眼睛与支撑平台的距离接近自己身体的厚度。

如果在虚拟世界中，体验者的视点和在真实世界中存在差异，体验者根据身体姿势并基于长期的生活经验在大脑中所产生的视觉信号预期将不能够匹配双眼此时此刻所接收的视觉信号，这种矛盾性将影响体验者的沉浸。例如，当体验者站立在房间当中，而在虚拟世界当中，体验者却模拟昆虫的视点，与地面保持着十分近的距离，此时体验者根据站立的姿势和通过头盔观察的贴近于地面的影像，唯一能够解释这种矛盾性的，是自己的身体穿透了虚拟场景的地面，如图2.7所示。

为更好地解决这个问题，

图2.6 VR中模拟鸟的视角

图2.7 物理空间视点与虚拟空间视点
图2.8 体验者在使用"Birdly"进行虚拟现实体验

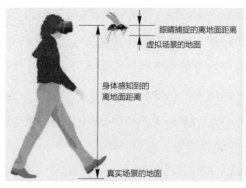

开发者应提供一个支撑平台，能够使体验者俯卧于该平台之上，如此便能够消除人们的矛盾体验。瑞士苏黎世大学此前进行的一项研究项目"Birdly"的原理即具备可借鉴之处，体验者俯卧在一个支撑平台上，通过按压和上抬平台两侧的支撑板来模拟虚拟飞鸟拍打双翼的动作，从而控制虚拟飞鸟翱翔于虚拟世界中，如图2.8所示。体验者身下的平台模拟了支撑飞鸟的气压，其俯卧的身体姿势使大脑生成"观察下方事物"的预期，而这个预期也完全符合体验者通过头盔真实观察的影像。

2.2.2　实例应用

本书"下篇"将讲解具体项目的开发过程，所讲解的项目即儿童安全教育"校车火场逃生"沉浸式VR体验系统，项目基于Unity 5.4版本引擎开发，使用HTC Vive头戴式VR眼镜。体验者在虚拟世界中模拟一名学生，校车起火后寻找灭火器灭火，然后利用安全锤打碎玻璃后逃出窗外，游戏体验结束。

在本小节结合开发原则先对项目设计进行分析。该项目中，在视点的模拟上不存在上述案例当中模拟飞鸟或昆虫等的复杂性，只需要在Unity引擎的场景当中，将虚拟视点的位置调整合理即可。该案例一共存在着两处和虚拟视点设置相关的过程。

首先是在校车行驶场景当中，人们需要体验乘坐虚拟校车的过程。此时需要将虚拟视点放置于合适的位置，使得体验者能够感受到自己在虚拟世界当中是坐在座椅之上的。调整虚拟视点的位置是一个虽然简单但需要仔细、精心的过程，在使用SteamVR Plugin中的[CameraRig]预制件时，通常是将蓝色边框平面放置于虚拟角色下方的支撑平面上，如

图2.9 在引擎中设置"地面
位置"

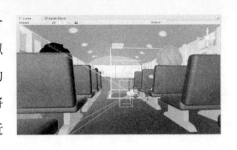

此体验者的虚拟视点则能够符合其大脑预期。不论体验者在虚拟校车当中处于何种姿势，对其的支撑平面均为校车地面，因此将[CameraRig]的底部蓝色边框贴近于校车地面的位置，如图2.9所示。

在对HTC Vive进行房间设置之时，同时进行了真实空间的地面设置，即Lighthouse系统能够捕捉体验者的头盔距离地面的位置，而这个位置将对应于[CameraRig]在虚拟世界中的位置，可简单地理解为，真实的头盔距离地面的位置与虚拟的视点距离[CameraRig]底部蓝色边框平面的位置相同，因此将[CameraRig]的底部贴近校车地面时，在项目运行的过程中，体验者的头盔距离真实地面的高度将同步于[CameraRig]距离校车地面的高度，由此将能够理解自己正漫游于虚拟世界。

为了模拟乘坐校车的体验，需要在真实场景当中也配备座椅，使得体验者是坐在真实的座椅上观看头盔当中的影像。当体验者是坐在真实的座椅上时，其头盔的位置距离地面的高度相较于站立时更低，通过Lighthouse同步至虚拟世界之后，[CameraRig]的位置距离校车地面的高度也较低，如此体验者将能够理解自己在虚拟世界当中并非站立状态，而是坐在虚拟的校车椅上，而一旦当体验者在真实空间中由坐姿变更为站姿，通过Lighthouse同步至虚拟世界之后，[CameraRig]的位置也将同步升高，如此体验者也能够理解为自己从乘坐虚拟校车变更为站立于虚拟校车之内。因此将[CameraRig]的底部贴近于校车地面是一个合理控制视点的方式。

不过在项目当中，根据测试者的测试，或许需要将[CameraRig]的位置设置为稍高于校车地面或低于校车地面，这是根据项目的模型和测试者进行的设置，虽然原理如同上文所述，但在具体开发项目之时，需要根据测试者的反馈及时调整虚拟视点的设置。在主场景当中，体验者经历的过程是从坐在校车座椅上至站立和漫游于校车当中，在场景设置时，将[CameraRig]放置于和在校车行驶场景当中相同的位置。

其次，在主场景中，最初校车的模型包含上车的台阶，和绝大多数现实的校车相同，如图2.10所示。

当体验者执行推门动作之时，在虚拟场景当中，实则需要从校车

图2.10 校车模型中的台阶

地面经过下行台阶漫游至车门前，然而在开发者所属的实验室空间却不存在着向下行走的台阶。在测试过程中，几乎所有的体验者在虚拟世界中走向车门的过程中均感受到高度的眩晕，部分体验者甚至出现恐惧情绪无法向前迈步，即使开发者持续告知他们在现实空间中前方是有地面支撑的，但体验者依旧认为自己处于悬空状态。

使得体验者出现眩晕问题是由于虚拟视点的设置不够合理：在现实空间当中，体验者一直站立或行走于水平地面上，其身体姿势和长期的生活经验使得大脑形成了所看见的地面应在低于双眼水平视线的大约自身身高的位置，然而当虚拟视点处于校车车门前的阶梯处，体验者通过头盔所视的景象中，台阶的位置却在低于自身身高的位置，此时他们将这种情况解释为在虚拟世界当中悬空了，即并非站立于阶梯上，而是由一块水平但透明的平面支撑着。观察着位置越来越低的台阶之时，长期积累的生活经验使体验者认为自己的位置也应当越发降低，如此才符合行走于阶梯上的预期，然而现实空间一直保持水平的地面却无法提供给体验者这种经历。

针对上述问题，可以采用两种解决方案：其一是在真实空间当中，在虚拟车门前台阶同步的位置也装配一系列阶梯，并保持真实的阶梯和虚拟阶梯的高度相等；其二则是取消校车车门前阶梯的设置，直接将其设为一块平面。

之后，体验者在现实空间中的水平地面上漫游，同时也在虚拟校车的水平地面上漫游，上述眩晕体验不再出现。

不过仍需注意的一个问题是在虚拟现实项目中，对象模型比例的合理性十分重要。例如，在真实世界中，路灯的高度通常是两层楼的高度，普通房间的门通常是普通人身高的1.2至1.5倍等。构建虚拟世界时，对于普通电子游戏而言，模型比例和现实空间的不同不易被玩家发觉，且难以造成眩晕，但在虚拟现实项目当中，模型比例的不合理将极易导致眩晕。

在"校车火场逃生"项目中，体验者需要完成的所有交互均集中于虚拟校车当中，因而校车外的城市场景模型比例并未经过开发者的特别调整，只需要满足一定程度的美观即可。

在测试过程中，部分体验者表示对车外的场景具备探索兴趣，因此开发者将虚拟视点移动至校车外，使得体验者能够在虚拟城市当中漫游，然而该过程却为所有体验者带来了高度的眩晕感。使用虚拟视点合理性的理论进行分析，不难得出问题出现的原因。

城市场景中对象的比例和现实生活中差别较大，如路边消防栓体积过大、操场上篮球架的高度较低、楼房的高度过低等，当体验者"站立于"虚拟场景的地面上，在观察消防栓之时，和体验者在现实生活中积累的经验有所不同，通过和消防栓形成的对比，体验者易将所视情景理解为自身在虚拟世界的身高被压缩了，而在观察地面时，体验者却再次认为自身的身高并未被压缩；在观察篮球架时，体验者将理解为自身身高被拉伸了，或者是悬浮于地面之上。在对虚拟场景进行观察之时，体验者并非如同上文所述，依次地观察每一个对象并对这些与现实空间所不同的信息进行解析，而是一次性观察视野内的所有对象，同时输入的矛盾信号将导致眩晕。

2.3 原则二：身体惯性与虚拟运动的匹配性

进行虚拟现实体验时，交互性是决定沉浸感的关键因素，因此，设计交互模式时则应尽量注意身体惯性与虚拟世界运动的匹配性。

2.3.1 人脑与运动

人体在维持平衡的过程中，主要依靠三个系统，即视觉系统、前庭系统和本体感觉系统。视觉系统通过周围物体与自身相对位置的变化感知运动，例如，乘坐公交车时，看见道路两旁的建筑物和树木等逐渐"向后移动"，通过这种相对于自身位置的变化，得知自己在向前行进。

前庭系统包括前庭器官，这些器官是人体对自然运动状态和头在空间位置的感受器官，在乘坐交通工具时，通常要经历加减速的运动过程，在这些过程当中，前庭系统通过内部感受性毛细胞感受运动加减速的刺激。前庭系统的运动感知过程可被简单地理解为：在一个容器中盛满液体，当容器处于运动过程中，液体会随着容器的惯性形成反向运动，例如，盛满一碗水时，快速向前移动的时候，这些水将向后倾斜甚至泼洒而出。

在前庭器官中，这些"容器"的内壁上，分布着大量的毛细胞，因而当液体发生倾斜时，感受性毛细胞能够感知液体的运动，当这些细胞将刺激信号传输给大脑后，大脑将能够识别身体的运动状态。本体感觉则是全身肌肉关节的感觉，例如，人们为保持站立的平衡姿势，大脑将不断感知骨骼、关节及肌肉张力的感觉，并不断地调整肌肉的舒张状态，使得人体能够保持持续的站立平衡；当人们处于行走或奔跑状态，本体感觉系统通过感知全身（以及最重要的双腿肌肉）的运动状态，并调整肌肉的舒张状态来完成这些运动过程，使人不至于跌到。此外，在成长至一定阶段后，人们能够在闭上双眼之时上下楼梯，能够在不照镜子的情况下触摸眼睛、鼻子、嘴等器官，这些动作的完成主要依赖本体感觉系统。

在虚拟现实项目当中，开发者不能够调整体验者的本体感觉系统，体验者在真实空间当中感知和调整自身平衡之时，也将和生活的其他时间段相同，依赖长期形成的保持运动平衡的方式来维持身体平衡。但是在视觉系统和前庭系统方面，开发者将能够对体验者造成影响，例如，为体验者戴上头盔后，体验者即通过屏幕中传输而来的视觉信号在视觉系统上维持身体平衡；体验者在真实体验空间当中的运动状态将作用于前庭系统，使得大脑能够感知这种运动。

当视觉系统与前庭系统感知的运动相同时，人们将不觉眩晕，但是在日常生活当中，大多数人在不同程度上均经历过晕车、晕船或晕机等的体验，这些体验即为视觉系统和前庭系统所感知的运动信号出现差异，例如，晕机主要由于人们乘坐于飞机上，通过前庭系统能够感受到运动，但窗外的景象却长期处于看似静止的状态；不少人的晕车是观看车内设施时，人们通过视觉系统感知自己处于静止状态，然而这种静止只是相对于汽车而言，乘坐于汽车之上，人们实际上是处于运动状态的，在起步、停车等阶段，前庭系统感受到人们正在运动，然而视觉系统传递给大脑的信号却是静止的，因此大脑在处理矛盾信号之时出现了眩晕现象，生活常识提示人们乘坐长途汽车时将视线投向车窗外的远方，这种方式使得视觉系统能够通过车窗外物体相对于自身位置的变化也能够感受到运动，该系统与前庭系统感受的运动状态相一致，从而降低眩晕感。

在体验虚拟现实作品时，部分体验者由于上述原因出现眩晕现象，这种现象被称之为"晕动症"。

在影院观影或者进行电子游戏时，人们通常静坐于荧幕前，即使在虚拟场景当中，镜头一直处于运动状态，但人们依旧不觉眩晕，这是因为屏幕处于现实空间当中，人们通过视觉系统虽然接收到虚拟空间的运动信息，然而在观看虚拟场景的同时，也接收到了不少现实空间的信息，而现实空间中的所有物体均是静止的，观众所接收到的是一个在展示内容上不断变化的屏幕，他们知道自身的状态是静止的，因为影院本身并未运动，座椅并未运动，因此通过视觉系统接收的状态和前庭系统相一致，即自身处于静止状态。

然而在虚拟现实项目当中，晕动症却频频发生，这是由于当体验者戴上头盔之后，通过视觉系统接收的信号完全来自于虚拟世界，当虚拟视点发生运动时，视觉信号感知的状态便是运动的，一旦体验者通过前庭系统并未感受到运动，或者前庭系统感知的运动和视觉信号不同，体验者均将立刻感受到眩晕，如图2.11所示。例如，在模拟飞行游戏当中，体验者通过头盔感知到自己处于运动状态，而在真实体验空间当中，自身确实静坐于座椅上或者站立于房间当中，那么前庭系统感知的静止将和视觉系统感知的运动出现矛盾，这便会导致眩晕。

汽车润滑油公司嘉实多曾经拍摄广告短片 *Castrol Titanium Strong Virtual Drift*（《虚拟现实漂移》），短片中，职业赛车手戴上虚拟现实头盔，在真实世界的一个广阔而安全的区域自由驾驶，而与此同时，他也控制着虚拟跑车在虚拟场景中驾驶，赛车手所感知的来自真实驾驶的运动惯性完全匹配虚拟场景的运动，如图2.12所示。

嘉实多公司拍摄的短片呈现了一个将真实场景的运动和虚拟世界的运动相匹配的完美效果，虽然在现实生活中难以实现这种效果，但广告中为了充分发挥虚拟现实技术生理沉浸营造能力的方式值得借鉴。

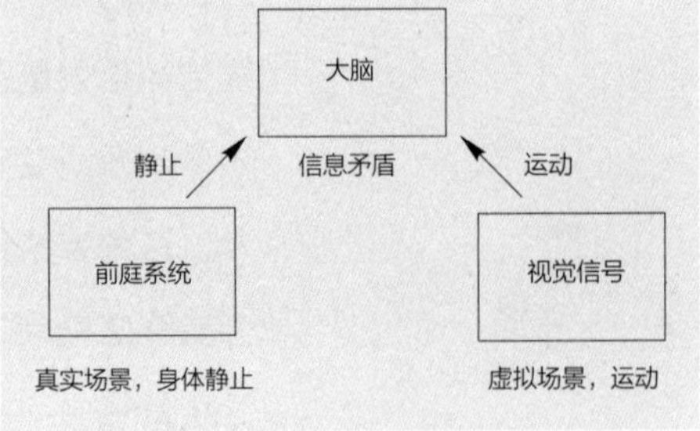

图2.11 大脑、前庭系统与视觉信号关系图

在现实生活中，包括4D影院和虚拟现实座椅在内的多种技术正在帮助人们不断向完全沉浸状态迈进。4D电影所使用的动力设备满足观众通过3D眼镜达成的一定生理沉浸

图2.12 赛车手利用VR设备进行训练

图2.13 MMone虚拟现实座椅

下，匹配电影世界中镜头的运动，实时调整观众座椅的倾斜角度，这种电影相较于3D电影给观众带来的体验效果更为震撼。

MMOne虚拟现实座椅实现玩家在进行游戏之时，实时根据虚拟角色的运动状态调整座椅角度，在真实空间中配合玩家的视觉信息，及时提供相应的身体惯性，如图2.13所示。由此，体验者在通过头盔接收到虚拟世界中运动的视觉信号时，真实世界为其提供的身体惯性使得前庭系统亦捕捉到相同的运动信息，从而杜绝晕动症的发生（前提是动力设备能够精确地匹配视觉信号）。

2.3.2　实例应用

进行"校车火场逃生"项目时，在选择硬件阶段，项目组在Oculus Rift和HTC Vive之间进行选择，最终将硬件确定为HTC Vive，是由于Oculus Rift不具备空间定位功能，如果项目使用该硬件设备，那么体验者将需要通过操控手持控制器完成虚拟场景漫游，此时体验者在真实空间当中将处于静止状态，即通过前庭系统所感知的状态为静止，然而在虚拟世界的漫游属于运动状态，因此通过视觉系统（通过头盔观看）感知的状态为运动，二者运动状态的不同极易导致眩晕，在开发过程中，最初项目组成员并未意识到晕动症问题的严重性，而在制作完毕后的测试阶段，才发现绝大多数体验者均在校车行驶阶段感受到不同程度的眩晕。

针对该问题，开发者能够采取两种解决方案，其一是在真实体验环境中搭建动力设备，即座椅能够在校车行驶的起步阶段提供给体验者身体向前移动的惯性，并在虚拟校车停止行驶并发生爆炸事故时，使动力座椅震颤并略微向后移动，模拟真实乘坐汽车时在刹车过程中身体由于惯性向前倾斜的状态；其二则是若在真实空间中难以搭建动力设备，开发者将校车行驶场景取消，通过静态图片传递剧情信息，并使得体验者直接进入主场景。

不过虽然项目组选择HTC Vive使得在主场景当中，玩家的体验质量较好，但在校车行驶场景中，不少体验者依旧出现了晕动症的现象。当虚拟校车开始行驶之时，真实体验空间当中体验者的座椅只是一个普通的不会运动的座椅，此时体验者通过前庭系统所感知的是静止状态，然而校车行驶时通过头盔传达给体验者视觉系统的却是运动状态。事实上，这个问题在很多成熟的商业作品中依旧频繁出现，如HTC Vive上的*RollerForce*游戏，在这款游戏当中，体验者乘坐在虚拟世界的过山车上，需要完成若干射击任务。在真实空间当中，体验者处于静止状态，而在虚拟世界中却是运动的，"校车火场逃生"项目组的成员在体验这款游戏时，所有人员均体验到严重的眩晕感。

不过也有很多商业项目为解决该问题，在真实场景中搭建动力设备，如英国主题乐园Alton Towers的游乐项目Galactica，以《太空堡垒卡拉狄加》为题材的过山车，采用了三星Gear VR系统，是世界上第一个虚拟现实过山车项目，如图2.14所示。体验者在真实的过山车座椅上戴上虚拟现实头盔进行体验，真实空间的座椅为体验者营造运动惯性，与通过头戴设备所视的运动状态相符合。

在真实空间中体验过山车亦会造成眩晕，但这种眩晕和晕动症的眩晕感并非相同，乘坐真实过山车的眩晕是因为人在进行高速运动时，人体内耳中外淋巴液体中的感觉细胞（纤毛）将伴随着旋转等运动发生倾斜，这种倾斜将导致眩晕感。纤毛倾斜导致的眩晕还存在于人们高速转圈、滑冰转弯等过程中，即只有身体处于高速且旋转幅度较大的运动过程中，人们才会出现此种类型的眩晕。而在虚拟现实项目中，若体验者的真实运动惯性和虚拟世界中视点的运动状态不一致，此时体验者内耳中的纤毛并未发生倾斜，这种眩晕是因大脑需要处理矛盾信息所导致的。

图2.14 Galactica游乐园项目

在对"校车火场逃生"项目进行测试时，为了找到校车行驶场景对体验者造成眩晕的原因，也让体验者们对HTC Vive上的过山车游戏进行了体验，其中部

分体验者也具有乘坐真实过山车的经历，体验完毕后，这些体验者反馈到两种眩晕的感受截然不同，乘坐真实过山车的眩晕程度更强，甚至造成呕吐等症状，会感受到对肢体难以控制，需要进行休息，并且在休息的过程中能够感受到眩晕感正在减弱；而在体验虚拟现实过山车游戏时，虽然眩晕感并未引起严重的诸如呕吐等症状，但体验完毕后，眩晕感不会伴随着身体的休息而减缓，不适的持续时间也较长。

2.4 原则三：降低交互抽象性

体验任何一个运行于电子平台的作品之时，均需要通过输入和输出媒介方能与虚拟世界进行交互，体验者需要在真实空间中做出一系列的动作，大脑进行关联学习，并控制虚拟空间中的角色。例如，进行街机游戏时按下按钮和推移摇杆等，体验者所控制的虚拟角色也同时在虚拟世界中做出某些动作，如跳跃、攻击、躲避等。本节主要介绍通过交互设计中降低交互的抽象性增加沉浸感。

2.4.1 交互抽象性与输入设备选择

在街机游戏、掌机游戏、电脑游戏和主机游戏中，大部分时间段内，体验者的真实动作和虚拟角色的动作并非一致。一般而言，真实和虚拟动作的不一致性愈大，交互方式也愈抽象，玩家的学习成本愈高，进入高度沉浸的时间也愈长，因为对输入方式的学习提升了玩家脑海中真实媒介的存在感。

不过，并非所有的运行于传统电子平台的交互系统都存在着上述问题，以《水果忍者》为例，在电脑平台，玩家执行"切水果"的动作是通过"快速滑动鼠标"；而在智能移动平台，玩家则是"快速在屏幕上滑动"。在虚拟世界当中，玩家执行的动作均为"切水果"，不过在使用智能移动平台时，玩家在真实空间中执行的动作更为贴近虚拟世界中的动作，这也解释了《水果忍者》能够成为学习成本低，适合各年龄段玩家的原因。虽然智能移动硬件的触摸感应并非属于虚拟现实技术，但当开发者针对作品内容充分地发挥了这些硬件技术的能力之时，作品同样能够为体验者营造沉浸感较强的体验环境。

因此在创作虚拟现实内容之时，设计思路应以尽可能统一虚拟世界的动作与真实世界的动作为目标，而并非以技术本身为目标，需要根据项目的内容选择和搭配合适的软硬件技术。虚拟现实技术虽然包含了众多传播效率较高的硬件，然而当人们未能合理地选择它们并与作品内容进行匹配时，依旧难以营造出沉浸感较强的体验氛围。

例如，某些作品使用Oculus Rift作为头戴设备，体验者需要通过主机手柄控制器的摇杆在虚拟世界中漫游，虚拟角色的"行走"和"推移"摇杆之间存在着很大的差异，虽然头戴设备在视觉感知上给予了体验者高度的生理沉浸，但在执行其他动作方面，体验者需要强行记忆推移摇杆和虚拟角色行走之间抽象的映射方式，虽然绝大多数体验者，尤其是游戏经验丰富的玩家能够快速理解这种操控方式，然而这种系统却并未充分发挥出虚拟现实的沉浸感营造能力，这和在电脑、主机、街机上执行游戏的操作方式并无区别，整个作品仅仅依靠头戴显示器加强体验者的沉浸。而当一个作品充分发挥出虚拟现实技术能力时，输入设备的外形可以和虚拟角色的装备存在较大差异，却通常拥有和虚拟世界装备相同的控件，如乐视公司为第一人称射击游戏《黑色战队》提供的体感手枪，如图2.15和图2.16所示。

在不少虚拟现实作品当中，为使得体验者在虚拟场景中的漫游动作能够和在真实世界中保持一致，采用全向跑步机捕捉体验者的奔跑动作，如图2.17所示。同时，在漫游方面，漫游动作的一致性也能够同时满足上一小节所述的真实身体惯性和虚拟世界中运动的匹配性。

除全向跑步机外，有的开发团队采用HTC Vive作为硬件设备，这也是真实的行走与虚拟的漫游保持高度一致的做法之一。不过很多虚拟现实硬件不具备空间定位能力，所以有的创作者采用了诸如Oculus

图2.15 体感手枪
图2.16 FPS游戏《黑色战队》

图2.17 将HTC Vive与跑步机
配合使用的VR系统
图2.18 使用动作捕捉系统、数
据手套与VR头盔相结合

Rift等头戴设备，与此同时配备运动捕捉系统来识别体验者的动作，如
图2.18所示。

在除漫游外的其他交互动作方面，有的创作者使用虚拟现实头盔配
合Leap Motion来捕捉体验者的手部动作，如图2.19所示，使得体验者
在真实空间中做出的动作能够几乎完全被同步至虚拟空间，从而帮助体
验者快速忽略真实世界到达虚拟世界之间的媒介阻隔。

不过Leap Motion虽然能够精确捕捉体验者的手部动作，但却不能
够给予执行动作后的触觉反馈。在某些需要高度模拟现实作业的VR项目
中，开发者通常采用数据手套对手部动作进行捕捉，并在执行动作时及
时给予体验者触感反馈，如图2.20所示。

数据手套的体验效果虽然良好，但大多数数据手套价格昂贵，且很
多的虚拟现实项目在使用手持控制器时便已经可以保持体验者的真实
动作与虚拟动作的高度一致。例如，在*VRFunHouse*（采用HTC Vive
设备）中，当体验者在虚拟世界中拾取锤子等物品时，和在真实场景
中抓握着手持控制器的触感体验十分相似；在真实空间中挥动手持控
制器亦和在虚拟世界中挥动锤子的动作完全相同，在虚拟的锤子接触

图2.19 在VR设备中使用Leap
Motion摄像头输入设备
图2.20 数据手套与VR设备配
合使用

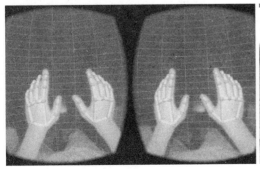

图2.21 *VRFunHouse* 游戏

其他物品之时，手持控制器的震动反馈能够在一定程度上模拟击碎物品时的触感反馈，如图2.21所示。

此外，在 *VRFunHouse* 中，当体验者扣动手持控制器的扳机之时，虚拟世界中角色的双手将呈现抓握状态，而一旦体验者松开扳机，虚拟双手将再次张开。当体验者在拾取枪支，并且在真实空间中扣动扳机时，将在虚拟世界中发射子弹，虽然HTC Vive的手持控制器的外形和枪支存在一定区别，但手柄的样式和扳机控件的位置特点却很好地模拟了真实枪支。此外在其他的关卡，体验者需要射箭、击剑，抑或是使用水枪射击，其动作均和真实空间单种体验者携持手持控制器做出拉弓动作、挥动手持控制器，包括扣动扳机的动作基本一致，创作者在基于HTC Vive手持控制器的特点时，将虚拟世界当中角色需要执行的动作设计为体验者在真实空间中使用手持控制器进行相同动作时所能完成的动作，在交互动作方面，这种设计充分发挥了虚拟现实技术营造生理沉浸感的优势。

在部分虚拟现实作品中，体验者执行的是更为特殊的动作，如驾驶汽车、收割机、飞机等，在真实生活中，人们只有进入驾驶室才能够执行这些动作。不少虚拟现实项目在将体验者的真实动作和虚拟动作进行匹配和统一时，与上文介绍的体感枪类似，开发者为体验者配备了高度模拟真实设备的硬件，如某些赛车竞速游戏配备的游戏方向盘和排挡杆，如图2.22所示。

图2.22 微软模拟驾驶方向盘

麦当劳曾使用虚拟现实技术制作广告，在游戏 *Top of the Cron* 中，体验者在真实空间中乘坐在与拖拉机极为相似的设备之上，如图2.23所示，而在虚拟世界中，角色则在驾驶拖拉机种麦当劳套餐的原料，如图2.24所示。由于真实的体验设备和虚拟世界当中角色所操控的设备在外形上几乎

图2.23 使用模拟驾驶方向盘体验VR游戏
图2.24 *Top of the Cron* 游戏中画面

完全一致，体验者在真实空间中所做出的动作和虚拟角色执行的动作存在高度的一致性，这种交互方式能够有效地保持体验者的沉浸感。

2.4.2　实例应用

"校车火场逃生"项目的主要交互系统包括场景漫游、拾取和放置对象、使用灭火器灭火、使用安全锤敲击玻璃、推校车车门。

首先，针对场景漫游，为使得体验者能够在真实空间中行走，并且在真实的行走过程中触发在虚拟场景中的漫游，因此开发团队将硬件的选择范围缩小至具备空间定位能力或者采用全向跑步机。而由于校车车内的面积较小，且可交互的对象之间的距离较近，因此项目组最终选择HTC Vive。

选择HTC Vive的原因除因其具备空间定位能力外，该设备的手持控制器的外形较符合项目交互系统的需求。在使用安全锤敲击玻璃时，需要给体验者提供握住一个条形对象的触感反馈，而HTC Vive的手持控制器则恰好具备长条形的抓握区域；同时，在使用灭火器进行灭火时，灭火器被抓握的区域的形态和HTC Vive手持控制器的形态亦较为接近。因此开发者预估在体验这两个重要交互过程之时使用该设备，体验者将能够获得较强的生理沉浸体验。

当美术人员将握住灭火器和握住安全锤的手部模型制作完毕后，场景设计人员将其导入场景，并作为[CameraRig]下Controller（left）和Controller（right）的子对象。最初的设置是这些模型相对于其父对象的位置为零，即其中心位置和父对象完全相同，并且在朝向方面，设置对象的朝上方向完全等同于世界坐标系的向上方向，以持灭火器的手部模型为例，设置其朝向为灭火器正立于地面的朝向。然而在测试的过程中，几乎所有的测试人员均认为体验不够良好，认为自己并未真正地"抓握"住安全锤和灭火器，在他们基于本体感觉系统多年形成的生活经

图2.25 Unity引擎中设置的安全
锤位置

验所判断的手部位置和通过头盔所视的虚拟手的位置，以及对象被拾取后的朝向等均和预期有所不同。

因此，开发者在运行项目的过程中，针对体验者的反馈实时调整模型相对于Controller（left）和Controller（right）的位置和旋转角度，使得这些模型的位置和体验者感受到的真实的双手位置相吻合。针对抓握安全锤的模型的旋转角度，开发者最初将安全锤设置为如图2.25所示的旋转角度。

然而在真实空间当中，体验者通常不会如图2.25般抓握手持控制器，而是如图2.26所示，即手持控制器呈现更为水平的状态，而非直立。因此在测试过程中，体验者感受到的来自真实空间的手部朝向和虚拟空间的手部朝向存在接近90°的差别，这种体验使得玩家对虚拟世界的佯信程度大幅降低，严重影响了生理沉浸感。经过多次调试，根据体验者在真实空间中抓握手持控制器的姿态，将虚拟场景中持安全锤的手部模型调整为如图2.27所示的旋转角度。

如此，在拾取安全锤后，体验者通过头盔所视的虚拟世界中的手部旋转角度和感受到的真实的手部旋转角度相吻合，不少体验者在体验过程中反馈道"就像我的的确确拾取了一件物品一样！"

在制作灭火和敲击玻璃的交互系统之时，针对灭火动作，体验者能够通过头戴显示器观察到虚拟手部模型在灭火器的压把处呈现抓握的状态，在真实生活当中，人们需要用力按下压把，才能够成功灭火，为了提升体验者对在虚拟世界当中灭火的佯信性，程序员编写脚本，使得在扣动扳机时能够灭火。扣动扳机时，体验者实则是较其他状态更加用力地抓握手持控制器，这和在虚拟世界当中用力按压压把的动作较为相似，

图2.26 现实生活中的抓握习惯
图2.27 调整之后的安全锤模型
设置

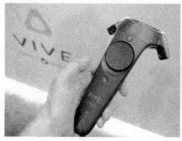

不过除此之外，如果选择在按压触控板时进行灭火，理论上这个效果亦能够被接受。

本节讨论的是体验者的真实动作和虚拟角色的动作保持一致，虽然在灭火的过程中，虚拟的灭火器只是在喷射口产生白色烟雾，其手部模型并未做出特定的动作，即虚拟角色做出的动作在严格意义上并不存在，那么在理论上体验者的真实动作便无从参考。但是灭火器作为一件十分常见的物品，受过良好且完整教育的人均能够在年幼时便接受相关的安全教育，因此绝大多数体验者均知晓灭火器的使用方法，这些体验者根据自身的学习经验，能够理解虚拟世界当中，在使用灭火器灭火时是需要按压喷射把手，那么虽然头戴显示器并未显示出这些具体的动作，体验者们依旧会下意识地将真实场景当中自己对手持控制器做出的动作与"按压压把"进行对比。

而针对并未知晓灭火器使用方法的体验者，由于项目需要起到安全教育的作用，选择和现实生活中使用灭火器相似的触发机制，亦能够更高效地达到项目目标。本节提出的设计理念，并非要求开发者如同套用公式一般根据虚拟空间当中角色的动作来设计真实的触发动作，但如果在虚拟空间中，角色做出的动作在现实世界中频繁发生，或者预估到大部分体验者熟知现实生活中此类动作的执行方式，那么，即使并未在虚拟场景中将这些动作制作完毕，体验者也未必能够通过头戴显示器观察到这些动作，依旧需要将体验者的真实体验动作和现实生活中人们通常执行这类动作的方式进行关联，尽可能确保它们之间的一致性，因为体验者极易在体验的过程中，将现实生活的知识和经验带入至虚拟场景当中，并将其与体验过程中自己做出的动作进行对比。

在完成击碎玻璃的交互过程中，体验者在虚拟世界中完成的动作是挥动安全锤敲击玻璃，由于持安全锤的模型是根据手持控制器的位置和旋转角度的变化而变化的，即模型本身能够同步手持控制器的状态，因此无须设置其他功能，使体验者能够直接通过挥动手持控制器在虚拟世界中击碎玻璃。这个过程中，虚拟角色执行的动作和体验者在真实空间中执行的动作完全相同，此外，开发者在角色每次敲击玻璃之时，给予音效反馈和手持控制器的震动反馈，进一步提升生理沉浸感。

在"校车火场逃生"项目中，虚拟角色的动作与体验者真实动作相差较大的部分在于推校车车门，虚拟双手的位置根据真实的两个手持控

制器的位置进行更新，即体验者在持手持控制器的状态下推向虚拟的车门，体验者所感知的是自己的双手分别抓握着一件物品，并且手部的形态是半抓握式的状态，如图2.28所示。然而在虚拟场景当中，体验者所视的却是空手状态下手掌朝下的状态，如图2.29所示，此时虚拟角色的动作和体验者的真实动作相差较大，这一点将降低生理沉浸程度。

基于沉浸感提升的设计原则，在设计中的具体应用需要根据具体的项目需求和特点选择不同的方式，视点的合理性决定体验者在体验中的扮演真实性，身体惯性与虚拟运动的匹配可以有效地避免用户眩晕，而降低交互的抽象性能够极大地提升交互体验的真实性和玩家的沉浸感。

第三章 虚拟现实应用开发流程

3

虚拟现实应用开发的总体流程与传统的计算机软件开发流程基本类似，当然，VR项目在开发时具体环节上有自己的特点和方法。本章主要从宏观上介绍虚拟现实应用在开发中的具体环节和步骤。

3.1 需求分析与策划

虚拟现实应用开发从需求上来看可以分两大类，一类是商业项目；一类是个人的创作。无论是哪种项目类型都需要准确的项目需求分析和完善的项目策划案。

本节从项目的前期规划和具体项目策划案制作为出发点进行介绍。

VR项目的策划流程可以基本参照游戏策划案来制定。数字游戏策划经过近五十多年的发展，其流程、文档及规范已经相当成熟，且基于沉浸体验开发的VR体验应用基本可以纳入游戏的范畴，因此本节借鉴游戏策划方案说明VR项目的策划过程。

3.1.1 需求分析和概念创意

项目的前期创意阶段可以说是最重要的步骤，因为这将直接决定整个项目的质量和进度。首先，第一步也是最重要的一步就是对项目的需求进行分析，这种需求来自两个方面，作为商业项目，主要分析甲方的项目需求；如果只是个人创作，需求则主要是前期的概念创意。

1. 商业项目需求

对商业项目，前期最重要的是进行甲方的需求分析。所谓"需求"是指客户的需要，这些需要被分析和确认后可以形成一个文档，可详细说明产品预期。产品需求在不同阶段会有不同的表现形式，在初期是宽泛抽象的需求；而到了中后期，需求则会变成详细、具体的要求和内容。

用户需求可以分为功能需求、系统需求、非功能需求、约束条件等，可以根据客户的需求制作成文档，进而确定项目的进度、成本。具体商谈需求的方式有很多，除甲方直接访谈外，还可通过调查问卷、文献分析、原型试验、调研等获得需求及相关数据。

2. 创作需求

在进行个人创作或小型团队创作时，需要自主提出需求，一个好的创意可以直接决定一个产品的水平和质量。那么如何进行创意呢？Dave Gray、Sunni Brown 等人在 *Game Storming* 一书中介绍了很多种思维创新的小活动，其中就包括了头脑风暴、人体风暴、海报会议、共感图、故事板等。这类活动在前期创意阶段时都可以选择，当然，也可以根据项目需要自己编创更适合的思维活动。他们在书中提到了以下设计思维活动的十大元素。

开始和结束，存在于每一个活动当中，就如同呼吸一般，而在应用此元素时也要注意，不要同时开始和结束，只要开始就必须完成获得成果后结束。

点火，就是激发想象力、启迪探险精神的火花，最常用的方式就是提出问题，有了精心设计的一系列问题，就可以引导人们发散思维，不断迸发新的创意和点子。

物件，是思考的工具，可以是任何有形的、便于携带的东西，如一张纸、一个便签、一个玩具等。物件是承载信息的单元，而这个单元有时会根据环境的变化而改变其本身的信息内容及信息量。

节点，是系统的组成部分，在开始阶段首先要创设足够的物件和节点，当它们足够多时就可以形成系统。

有意义的空间，创设一个空间并为其赋予含义。例如象棋，单纯从外形上看，只是一个格子图和几个写了字的木头，但两名玩家却能在这个空间内反复博弈和较量，这就是所谓的有意义的空间。

草图和模型的制作，可以利用视觉语言最大程度帮助人们跨越理解的障碍，而快速获取信息并达成共识。

随机性、反向思维和重新定义。大脑善于发现模式和规律，但一经发现后就很容易循规蹈矩而忽视了其他因素。因此，通过随机性方法，重新打散、反向排序和重新定义以给人启发。如把地图倒过来看、将一段音乐倒放或随机翻开一页图书等。

即兴发挥，即没有计划地进程，那一刻时，你是在真正地创造。如爵士乐手即兴表演、画家的即兴创作等。即兴发挥是一种身临其境的思维方式，而这种灵感往往也会稍纵即逝，但却弥足珍贵。

选择，是优化的手段，是走向最有的唯一道路。众多的想法和选项，如不进行选择那只是杂乱无章的垃圾信息。投票、排名等都是选择的理想方式。

尝试新事物。在从未体验过的事物中，往往能发现好的创意和灵感，在进行创意思维时要敢于尝试并且不断尝试新鲜事物，甚至完全可以走出房间，在自然中，在实际场景中组织思维活动，迸发创意。

前期创意阶段，好的概念设计非常重要，其根本原因是概念设计阶段决定了未来作品的全貌，具体的形象和交互可以更改，但整个交互体验的核心设计如果不好就要整个推翻重做，这种代价是非常昂贵的，对团队来说也是极大的打击。

3.1.2　设计机制与元素

交互体验的设计过程需要机制的规范和设计元素的合理构成。本小节将具体介绍虚拟现实体验设计中可能会用到的机制和设计元素。

设计机制，在数字游戏设计中被称之为"游戏机制"，其中设计所围绕的核心即被称之为"核心机制"。交互设计师的任务便是将交互体验中的一般规则转化为能被算法实现的符号化和数学模型。核心机制是进行体验的基础条件和核心，定义了一个虚拟世界的规则和运作方式。例如，最典型的数字游戏设计，它能让交互过程产生可玩性。以《超级玛丽》这款数字游戏来说，其核心的机制便是马里奥的"跳跃"，整款游戏的设计都是围绕着这个核心机制进行的，如可以撞破的砖块、可以踩扁的怪物以及跳跃攀登得墙壁等，如图3.1所示。可见，游戏得核心机制就是玩家体验游戏核心的方式。

相比而言，机制是抽象化的规则。规则是给玩家或体验者阅读理解的表述，而机制则是隐藏的需要反复提炼的东西。

图3.1《超级玛丽》游戏中的前两个关卡

可以说核心机制是一款VR交互体验设计的"心脏"，如果不重视和没有做好，则无法为体验者提供愉悦的体验。Ernest Adam 在 *Game Mechanics：Advanced Game Design* 中提出了五种机制类型：物理（Physics）、内部经济

（Internal Economy）、渐进机制（Progression Mechanisms）、战术机动（Tactical Maneuvering）、社交互动（Social Interaction），下面具体介绍这五类机制。

物理，是指使用物理运动规律作为核心机制，如移动、碰撞、跳跃等。FPS（第一人称射击）游戏、PUZ（益智）游戏等都采用这种核心机制作为玩法，《愤怒的小鸟》也是其中的典型。当然，这种物理运动规律不需要和现实一定相同，甚至大部分是不同的，跳跃的高度、碰撞感都和实际有较大区别，但这往往是创造可玩性的关键。

内部经济，是指使用系统内部的金币、资源、交易等经济系统作为核心，除此类显性经济元素之外，声望、荣誉、魅力值等也可作为内容经济的一种，如《大富翁》等游戏均采用了这种机制，如图3.2所示。有时在体验中植入此类机制，能大量延长体验者的体验时间和沉浸感。

渐进机制，即通过某种关卡或触发机制控制体验者的进程，以游戏体验为例，在很多关卡中会被某个任务或敌人封闭，而长时间无法继续游戏，如《口袋妖怪》中在某条重要道路会有石头或NPC（非控制角色）占据，而让玩家无法通过，需要获得某种道具、技能或完成某个任务后阻挡才会消失。

战术机动，在这种机制下体验者往往可获得多种操作单位，通过配置他们不同的行为进行体验，此类机制在RTS（即时战略）类游戏中使用较多，当然，棋牌类游戏也属于此类机制。如《星际争霸》（如图3.3）、《帝国时代》等。

社交互动，社交不仅可以在现实生活中进行，在虚拟空间中的社交往往成了塑造可玩性的重要方式。如馈赠礼物、组队、语言交流等社交行为都可成为增强交互体验沉浸感的重要机制。

在进行VR交互体验设计时，仅有机制还是不够的，还需要配合具体的设计元素进行设计，当然，这些元素是无法穷举的，下面介绍一些最常用的设计元素，方便读者在策划阶段使用。

沉浸感元素，是头戴式VR显示设备最擅长的地方，仅通过调整视角就可以给体验者很好的角色沉浸认知。关于这点已在2.2章节中进行了介绍，在此不再赘述；扮演元素，是最常用的设计元素之一，在进入虚拟空间后，体验者往往不再是自己而成为设计师预设好的角色，可能是一名战士或者巫师也或者是一个动物，体验者可以操控这些角色的行动，从而使其感觉在虚拟世界的替身就是自己；故事元素，是指在体验中加入剧情，故事剧情是吸引体验者的良好手段，常常被用在数字游戏、广告宣传、影视制作中，而在VR体验中的可以使用对话、动画、任务、转场等方式推动剧情的发展；竞争元素，可以在体验中增强体验者紧张、刺激的情绪，竞争不仅仅指与其他体验者的竞技，也指玩家同设定的人工智能（AI）的比赛；任务元素，在交互体验进程控制中能发挥很好的效果，给体验者超过他能力一点点的任务，让其完成后，获得很好的成就感体验，任务难度的设计也需要符合心理学家米哈里·契克森米哈赖的"心流通道"原理，如图3.4所示，即难度符合玩家的能力成长曲线。

类似的设计元素还有很多，如动作元素、创造元素、解密元素、探索元素等，不再逐一介绍，设计师可以根据需求并结合机制使用。

3.1.3 设计文档的制作

设计文档是开发的依据和规范，要如期、高质量完成项目的开发首先就要制作好设计文档。当需求分析完成、概念创意被认可后，为保障团队人员了解项目中具体的设计要求，就要编写规范的项目设计文档。

一个设计文档通常由六大部分组成，包括文档目录、作品概述、交互机制、设计元素、体验进程、用户界面等。

文档目录是设计文档中的导引性部分，方便开发成员查阅。目录越详尽，整个文档也越完整。

作品概述，也可根据设计的功用称之为"产品概述"，是

图3.4 心流通道图

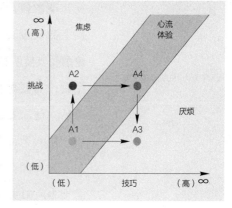

让团队或非团队成员快速了解设计目标的部分，可以包括类型、特色、故事背景、目标市场、目标用户、平台、操作方法等。此部分只需要大致阐述条目即可，不需详细刻画。

交互机制是描述体验者如何行为的部分，核心机制的设计在3.1.2节进行了介绍，除核心机制外，还需要将其他规则在其中阐述清晰，包括全部的规则、获胜条件、操作方式、人工智能（AI）设定等，可以说此部分是整个设计文档的核心部分。此部分在撰写时，需尽量避免过多阐述设计元素。具体设计元素的表现形式应在"设计元素"部分阐述。

设计元素是VR作品中所有将要出现的对象集合，也就是设计的素材，这些素材经过设计师的特殊排列组合就可以形成最终完整的作品。总体而言，设计元素的表述主要给"程序人员"和"美术人员"查看，美术人员可以根据设计元素的表述画出具体的形象；程序人员则会实现其具体的交互功能。

体验进程，此部分也是文档中最长的部分，需要从启动到结束，将所有进程中的行动、事件及它们如何发展变化表述出来，当进程表述完成后就可以将各种设计元素进行规律性组合。例如，在游戏设计中，游戏进程的控制可以按照关卡、任务、剧情、活动等方式进行控制。

用户界面（UI），在VR交互设计中，用户界面的设计与传统桌面式设计会有一定差别。UI的设计包括了界面菜单和系统菜单两大部分：界面菜单是在体验进行中使用的功能性菜单，直接决定体验者如何选择设计元素，如图3.5所示；系统菜单则是在体验内容之外的功能性菜单，如开始、退出、设置等，如图3.6所示。

图3.5《QQ斗地主》中的界面菜单

图3.6 游戏中常见的系统菜单

设计文档根据不同阶段的需求可分为三类，一种是应用于开发初期的概念设计文档，此类文档字数较少，主要为阐明概念性轮廓及其鲜明特点，一般为2~5页左右；当概念性文档获得团队认可后，便需要制作设计论述性文档，从六个部分详细论述设计方向，方便团队阅读和讨论，一般需要10~30页；在此基础上，进

入正式开发之前需要确定所有开发细节和问题，文档将达到200页以上甚至更多。

3.2　开发环境搭建

在制作好设计文档后，就可以进入开发阶段了。虚拟现实作品的开发不仅需要硬件设备的支持，还需要官方提供的开发工具，除此之外还需要安装好开发平台。本节主要介绍进入正式开发前所需要搭建的开发环境。

3.2.1　硬件驱动

开发电脑外接式VR设备的应用需要首先在开发电脑上安装此设备的驱动。所谓驱动即是添加到操作系统中的由硬件厂商根据操作系统编写的配置文件代码，如果没有驱动程序，就无法在电脑上运行硬件设备。常见的鼠标、键盘、摄像头、打印机、显卡、网卡等都需要安装驱动才能运行。当然，厂商编辑的驱动程序也会存在漏洞，因此也需要时常更新。通常，设备的驱动可以在相应官方网站下载。

图3.7 Steam平台VR驱动安装界面

图3.8 Oculus Rift官网下载

目前市场上的外接式VR设备如HTC Vive、Oculus Rift等均需要下载驱动进行启动。HTC Vive的驱动可以直接通过在Steam平台上安装Steam VR获取，如图3.7所示；而Oculus Rift则需要登录其官方网站下载相关驱动文件，进行手动安装，如图3.8所示。除头戴式VR显示设备外，连接电脑的人机交互接口也需要下载相关驱动，如Leap Motion、Kinect等。

除外接式VR设备外，不需要和电脑连接即可启动的移动端、一体式设备在进行开发时并不需

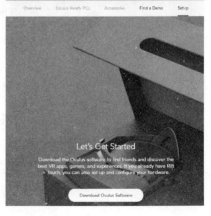

要安装驱动文件，只需下载 SDK 文件，将在下面小节具体介绍。

3.2.2　SDK

所谓 SDK 即 Software Development Kit 的缩写，即软件开发工具包，是指辅助开发某类软件的文档、范例、软件框架和工具等的集合，以帮助工程师进行软件开发。各类 VR 设备为方便软件应用设计师开发此设备上的内容，都会发布一系列的帮助性文档，有文字说明性的，也有大量的模块化的代码，程序员可以直接使用。而为鼓励开发尽量多开发基于该平台的应用，SDK 基本都是免费的，可以直接从官网上下载，这也是一种重要的营销手段。

目前市场上常见的硬件 VR 设备除驱动文件外，还会配有相关的 SDK 文件，有时此类文件不止一个，并不断更新。SDK 文件往往会和开发工具相结合，以主流的 VR 设备来说，其 SDK 所配合的开发工具为游戏引擎。现市场上的主流引擎为 Unity、Unreal 两款引擎，因此，为方便开发者使用，所发布的 SDK 也是针对这两个引擎使用的。在进行开发前需要根据项目成员的倾向选择游戏引擎，然后下载好对应的 SDK 导入到引擎中，其中包括各类程序框架和主要交互的核心代码及场景，这样可以大大缩短开发的时间和成本。

3.2.3　开发工具

本小节主要介绍开发 VR 应用的主流工具，目前市场上最常用的 VR 开发工具是商业的游戏引擎——Unity 和 Unreal，其不仅内置了强大的实时渲染能力，还具有材质、灯光、动画、交互等功能，通过将美术素材导入其中并编辑代码能够轻松快速完成一款应用，且能够实现多平台发布。

一、Unity 引擎

1. Unity 引擎概述

Unity 引擎是由 Unity Technologies 公司提供的，可用于开发 2D\3D 游戏、虚拟现实、增强现实等交互式内容的开发平台。Unity 拥有强大的图形引擎以及功能丰富的可视化编辑器，可以帮助开发者快速实现创意。同时 Unity 支持多平台开发，内置了对市面主流平台的开发支持，开发者不仅可以在 Windows、Linux、OS X 上使用 Unity 开发，同时开发的内容产品也可以非常方便地移植到个人电脑、主机、网页、移动设备、嵌入式系统及部分头戴显示器平台。

据Unity官方网站及SourceDNA等数据分析，截至2016年第1季度，全球范围内使用Unity制作的游戏已经被安装到约20亿台独立设备上，同时，在全球排名前1 000的免费游戏中，约34%使用Unity开发制作。

在虚拟现实领域，Unity同样抓住先机，成为市场上广泛应用的虚拟现实内容制作平台。Unity以内置功能及插件的方式，提供了对市面上多款主流虚拟现实设备的内容开发支持，在Unity Plus版本中，其支持包括但不限于Oculus Rift、Gear VR、Playstation VR、微软HoloLens及Steam VR\Vive等平台，如图3.9所示。

在应用开发方面，Unity使用C#及JavaScript作为脚本语言，在团队协作及个人开发方面均具有一定优势，开发者无须关注底层技术，只需专注于高质量的内容应用开发。Unity对主流的三维格式均提供了良好的支持，此外Unity还拥有强大的可视化编辑器，降低了非开发人员的使用门槛，对游戏设计师及美术设计师来讲十分友好。

随着智能移动设备的普及和性能的提升，以及虚拟现实的快速发展，相信凭借较低的入门门槛、多平台开发的支持、可视化的编辑器以及强大的功能封装，Unity会有着更广阔的发展前景。

2. Unity入门介绍

经过多年的发展，Unity针对不同的开发人群提供了多个版本的选择。目前，Unity拥有个人版（Personal）、加强版（Plus）、专业版（Pro）以及企业版（Enterprise）。

个人版是Unity免费向年收入或启动资金低于10万美元的开发者所提供的版本。虽然是免费提供，但Unity个人版依然包含了完整的引擎功能，仅对一些特殊的发布平台及网络内容服务上做了相应限制，非常适合入门者学习。

除个人版外，加强版、专业版均需付费使用，同个人版相比，加强版

图3.9 Unity支持的部分虚拟现实设备

和专业版可以自定义启动画面，并拥有更多的发布平台以及享受内置游戏分析、云构建、更多的网络用户连接数等的Unity服务。企业版在上述版本功能

图3.10 Unity各版本说明

订阅详情		Personal	Plus	Pro	Enterprise
加速包			免费（价值190美元）	免费（价值190美元）	
完整引擎功能		√	√	√	√
全平台支持		√	√	√	√
更新支持			√	√	√
无版权费		√			
启动画面		Made with Unity 启动画面	自定义动画	自定义动画	自定义动画
年收入/启动资金		10万美元	20万美元	无限制	无限制
Unity云构建		标准队列	优先级队列	同时进行的构建	专用的构建代理
Unity Analytics分析		个人版	加强版	专业版	自定义
Unity Multiplayer多人联网		20位同时在线的玩家	50位同时在线的玩家	200位同时在线的玩家	定制化的Multiplayer多人联网
Unity IAP应用内购			√	√	√
Unity Ads广告		√	√	√	√
到发版的跟踪			√	√	√
编辑器皮肤			√	√	√
性能报告			√	√	√
管理席位			√	√	√
Asset Kits			折扣20%	折扣40%	折扣40%
Unity认证开发者课程			1个月访问权	3个月访问权	3个月访问权
访问源码				$	$
企业级技术支持				$	$
		立即下载	立即订阅	立即订阅	联系我们

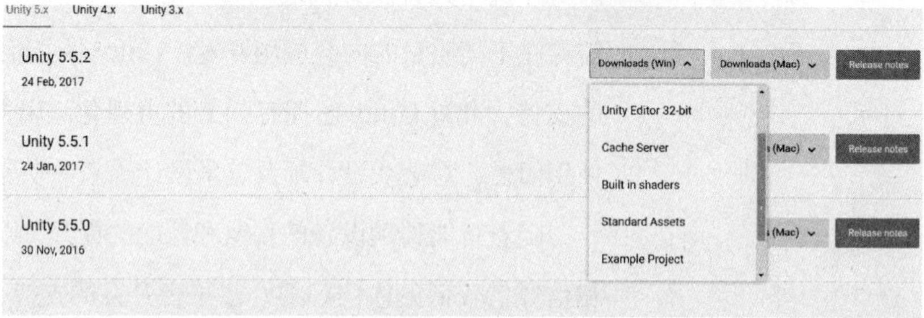

图3.11 Unity旧版本及单独资源包下载

的基础上，拥有了更多定制化功能与技术支持，并且拥有Unity源码访问权限。几个版本的比较如图3.10所示。

　　Unity的下载与安装非常方便。用户可前往Unity官方网站下载各个版本的Unity。官方默认下载的为当前最新版本的Unity集成安装包，如果用户想下载旧版本或单独的安装包，也可前往其官方网站根据需求进行下载，如图3.11所示。

　　当用户默认下载最新Unity版本时，在安装时，Unity安装程序会提供多种可选项，其默认包含了Unity编辑器、文档及标准资源，同时还提供了示例项目、多平台发布支持及第三方开发工具选项。官方示例项目为Unity打造的一系列项目Demo，包含了Unity大部分基础功能的使用，如果用户第一次使用Unity，推荐勾选示例项目选项来进行学习。

　　同时，若用户使用Windows作为开发平台，虽然Unity自带了Mono Develop作为默认的集成开发环境（Integrated Development Environ-

图3.12 Unity安装选项

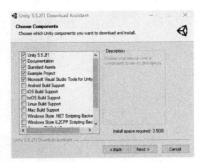

ment，简称IDE，也称Integration Design Environment、Integration Debugging Environment），但如果用户采用C#作为项目编程语言，推荐用户勾选Microsoft Visual Studio Tools for Unity。该工具会下载免费的Visual Studio作为IDE，与Mono Develop相比，后者功能更强大，使用起来也更为方便，如图3.12所示。

此外，用户还应该根据应用计划发布的目标平台（如Android或iOS）勾选相应的平台支持选项，不过需注意的是，虽然在其他开发平台下也能勾选iOS支持选项，但iOS项目只支持在OS X系统上配合XCode进行发布。

另外需要注意的是，Unity的安装路径不支持中文，不然会报错无法启动。此外，在新建Unity项目时，其文件路径也要确保没有中文字符存在。

在安装完成后，第一次启动Unity时，会弹出版本选择界面，当用户选择个人版时，需要Unity账号登录，如图3.13所示。若用户没有Unity账户，可选择Work Offline进行离线使用或者点击"Create One"前往官方网站注册。

登录成功后，Unity会弹出版本选择界面，用户可根据自身情况自行选择。在选择专业版时，需要输入序列号激活，如图3.14所示。当Unity版本许可验证成功后，即可开始使用。

3. Unity界面介绍

Unity为用户提供了非常友好的交互界面，其提供了一个可视化的编辑器，并且界面布局及某些操作与传统的三维软件非常相似，如图3.15所示。

Unity界面主要由多个面板组成，其大致可分为以下几种。

图3.13 Unity登录界面
图3.14 Unity版本选择

图3.15 Unity界面介绍

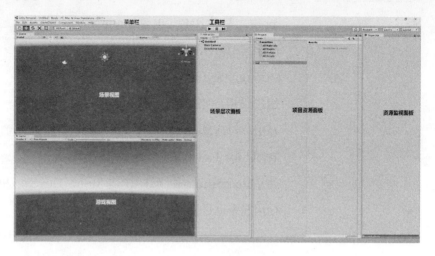

（1）菜单栏

与通常软件中的菜单栏类似，Unity中的菜单栏包含了文件操作、编辑操作及游戏相关操作等常用功能。

（2）工具栏

工具栏由多个基本控件组成，若干基本控件为一组，作为辅助编辑器操作的工具选项。其中，编号为①的工具栏是变换为工具，主要用来给场景中对象进行变换操作，是场景视图的辅助工具；编号为②的工具栏是对象的中心轴转换工具，负责调整对象的中心轴位置，同样是场景视图的辅助工具；编号为③的工具是项目的播放、暂停以及单步骤按钮，配合游戏视图来负责编辑器中游戏场景的运行；编号为④的工具栏是Unity服务相关工具，分别是云服务及账号服务；编号为⑤的工具是游戏图层切换工具，可在此对场景中的对象进行图层划分操作；编号为⑥的工具是布局工具，里面提供了Unity预设布局及用户保存的自定义布局，可在此切换Unity显示方式。

（3）场景视图

场景视图是游戏开发中用户主要操作的窗口，用户对游戏场景中物体的操作均需要在此窗口进行，主要包含选中、查看及修改操作，同时摄像机、灯光、声音等位置的确定也需借助场景视图实现。

（4）游戏视图

游戏视图显示的图像为游戏摄像机所获取的图像，用户可通过对摄像机的设置来控制游戏视图的显示，最终决定呈现在玩家面前的内容。用户不能通过游戏视图对游戏内的对象进行操作，但可以通过游戏视图

图3.16 Unity场景中的层次划分

实时查看玩家将看到的游戏内容。

（5）场景层次面板

该面板中包含了在场景中使

用的所有对象，对象以列表的形式在层次面板中呈现。Unity引入了子对象、父对象等树状结构的概念来描述场景物体的层次。举例来讲，如图3.16所示，在A对象下创建B对象和C对象，在C对象下创建D对象，则B对象和C对象统称为A的子对象，A对象是B对象和C对象的父对象。D是C的子对象，同时也是A的后代对象。

（6）项目资源面板

项目资源窗口主要用来管理Unity工程项目中的所有资源，只要是项目中存在的资源，无论是否在场景中使用，都会显示在该面板内。该面板分为左、右两侧。其中左面板将项目文件夹以层次列表的方式排列展示项目资源结构。当选中某个文件夹时，其包含的内容会显示在右面窗口中。该窗口还提供了搜索功能，在项目文件内容较多时，可根据关键字对特定资源进行搜索，搜素时可以针对资源类型进行进一步筛选。

以上就是对Unity界面的简要介绍，需要注意的是Unity的界面布局并非一成不变的，用户可根据需要对各面板进行自由组合，让Unity更符合自己的使用习惯或者工作需求。

4. Unity中的核心概念

GameObject

GameObject是Unity开发中最重要的概念。应用中的每个对象都是且必须是一个GameObject，但是GameObject仅是一个容器，并不复杂游戏的具体行为，要想让GameObject达到预期的目标，还需要向GameObject中添加组件。

组件

每个GameObject都包含一个或多个组件。组件决定了GameObject的最终表现类型及行为逻辑。可以将GameObject类比为一张空白的画纸，而组件就是色彩，最终需要"用户"这支画笔，使用不同颜色来画出精彩纷呈的图案。

组件本质上是由脚本语言编写的脚本，Unity内置了众多组件（如变换组件），同时，开发者也可以根据Unity提供的脚本API（即程序接口）来编写相应组件。

场景

出现在游戏中的对象以场景的形式被存储下来。一个游戏由一个或多个场景构成，每个场景中都包含一定的游戏内容，最后将这些场景按顺序排列组合就组成了一个完整的游戏。

项目

基于Unity开发的每个应用均为一个项目，项目是整个应用工程的统称，是Unity中每个应用开发的最终容器，与Unity应用开发相关的工作都在项目中进行。

二、Unreal引擎

1. 引擎概述

Unreal Engine（虚幻引擎）由Epic公司开发，是目前世界知名授权最广的游戏引擎之一。基于它开发的大作无数，除《虚幻竞技场3》外，还包括了《战争机器》《质量效应》《生化奇兵》等作品。除主机游戏的开发外，在次世代网游的开发领域也应用广泛包括《剑灵》、*TERA*、《战地之王》《一舞成名》等，iPhone上的游戏有《无尽之剑》《蝙蝠侠》等。

虚幻最新版本Unreal Engine 4（简称UE4，如图3.17所示）采用了目前最新的即时光迹追踪、HDR光照技术等新技术，能够每秒钟实时运算两亿个多边形运算，可以实时运算出电影CG等级的画面，并且

图3.17 虚幻4引擎商标

有官方推出的中文版本。Unreal引擎本身对开发电脑的配置要求也较高，其本身的体量就有将近20GB，很多小型开发团队硬件设备无法支持引擎的运行，在这一点上只有不到2GB的Unity占有了巨大优势，当然Unity的渲染能力和材质方面的效果远不及Unreal。

2. UE4编辑器介绍

（1）编辑器基础知识

UE4编辑器中的Project（项目）是保存所有内容和代码的单位。如图3.18所示，内容浏览器中的项目层次结构树包含了与硬盘中的项目文件夹相同的目录结构。

图3.18 UE4中的内容浏览器

尽管Project经常是由与其关联的".uproject"文件所引用，它们是互存的两个单独文件。该类文

件是用于创建、打开或保存文件的参考文件，而Project中包含了所有与其关联的文件和文件夹。

（2）编辑器视口

视口是UE4编辑器中创建关卡的窗口。可以像在游戏中导航那样来导航视口，或者可以像在建筑物蓝图中进行方案设计那样来应用视口。UE4视口包含了各种工具和可视化查看器，帮助开发者精确地查看所需要的数据，如图3.19所示。

图3.19 UE4编辑器视口

（3）编辑器模式

模式面板包含了编辑器的各种工具模式。这些模式会改变关卡编辑器的主要行为以便来执行特定的任务，如向世界中放置新资源、创建几何体画刷及体积、给网格对象着色、生成植被、塑造地貌等。

（4）Actors & 几何体

从最基本的层次来说，创建关卡可以归结为在UE4编辑器中向地图中放置对象。这些对象可能是世界几何体、以画刷形式出现的装饰物、静态网格对象、光源、玩家起点、武器或载具。什么时候添加哪些对象通常是由关卡设计团队使用的特定工作流程规定的。

（5）内容浏览器

Content Browser（内容浏览器）是UE4编辑器的主要区域，用于在编辑器中创建、导入、组织、查看及修改内容资源。它同时提供了管理内容文件夹及在资源上执行其他有用操作的功能，如重命名、移动、复制及查看引用。内容浏览器可以进行搜索且可以和游戏中的所有资源进行交互。

（6）光照

对场景进行光照是通过使用作为光源的光照Actor以及包含的属性来确定光照的特效来完成的，如光源的亮度、光源的颜色等。

同时，还有以不同方式发射光线的不同种类的光源。例如，向所有方向发射光照的标准灯光，在UE4中，这种类型的光源称为"点光源"。在其他情况下，发射的光照通过使得灯泡的背面不透明而受到物理限制，如泛光照明，这是"聚光源"。来自阳光的户外光照，因其位于如此之远，看起来来自定向光源而非单个位置，如需模拟这种类型的光照，可使用"定向光源"。

（7）材质和着色

材质是可以应用到网格对象上的资源，用它可控制场景的可视外观。从较高的层面上来说，可能最简单的方法就是把材质视为应用到一个对象的"描画"。但这种说法也会产生一点点误导，因为材质实际上定义了组成该对象所用的表面类型。可以定义它的颜色、光泽度及是否能看穿该对象等。

UE4使用了基于物理的着色器模型。这意味着不是使用任意属性（如漫反射颜色和高光次幂）定义一个材质，而是使用和现实世界更加相关的属性定义材质。这些属性包括底色、金属色、高光及粗糙度。

（8）蓝图可视化脚本

UE4中的蓝图可视化脚本系统是一个完整的游戏脚本系统，其理念是使用基于节点的界面从编辑器中创建游戏可玩性元素。该系统非常灵活且非常强大，因为它为设计人员提供了一般仅供程序员使用的所有概念及工具，如图3.20所示。

（9）测试游戏

使用UE4的内置功能来测试及调试完成的关卡及游戏可玩性。使用Play In Editor（在编辑器中运行）模式，可以从编辑器中直接获得反馈；使用Simulate In Editor（在编辑器中模拟）模式甚至可以查看及操作游戏中的对象。使用Hot Reload（热重载）模式，可以在游戏运行过程中修改游戏代码、重新编译并更新游戏。

限于篇幅，在这里不对UE4展开详细介绍，该引擎对市场上的主流VR设备均支持开发，且各大VR设备厂家也都发布了应用于UE4的

图3.20 UE4中的蓝图可视化脚本系统

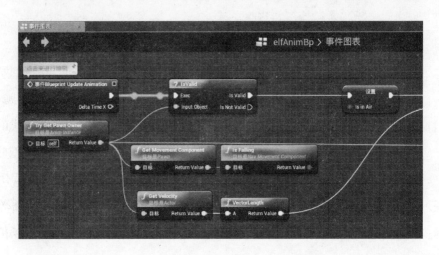

SDK文件供开发人员使用，感兴趣的读者可以从网络查找各类教程或到官方网站查阅相关文件。

3.3　三维素材准备

在正式项目开发之前需要对美术、音频等素材进行准备，鉴于主流VR场景的搭建主要使用三维模型，本节仅对美术素材中的三维模型制作方面进行介绍。

虚拟现实体验的核心在于体验者对虚拟场景的感官刺激，那么如何打造出设计者构想的虚拟世界就成了VR产品设计的关键环节。本节主要介绍目前几种主流的三维建模软件，并以Maya软件为例介绍基于建模工具的模型、动画制作方法。

3.3.1　三维建模工具概述

三维建模技术目前已发展得很成熟了，同样也成了虚拟现实技术的重要组成部分。VR项目在构建三维场景时所基于的工作流与3D游戏基本一致，下面一一介绍目前市场上主流的三维建模软件工具。

1. 3D Max

3D Max全称为"3D studio Max"，如图3.21所示，官方称为"3Ds Max"，是加拿大公司Discreet Logic的数字解决方案之一，该公司于1999年被Autodesk公司收购。3D Max软件在影视动画、3D游戏、室内设计、电视栏目制作、广告制作、产品设计等领域被广泛应用，有众多成功的商业产品，如《黑客帝国》《碟中谍2》《X战警II》《帝国时代》(RTS游戏)、《古墓丽影》(AVG游戏，如图3.22所示)、《秦时明月》等。3D Max软件为设计人员提供一整套完整全面的三维建模、动

图3.21 3D Max官方Logo

画、渲染以及合成解决方案，并提供用于群组生成、粒子动画和透视匹配工具。

目前，3D Max已经经历了17代的更迭，最新版本是3D Max 2017，这也是迄今为止功能最强大、种类最丰富的工具集，可以自定义工具、更高效地跨团队协作。总体

而言，"简单易上手"是3D Max的最大优势，同时它也是性价比极高的软件。很多刚入行的从业者都会首先学习3D Max，建模、贴图、绑定、动画、打光、材质、渲染、输出是其基本的工作过程。即便是没有学过建模的人也能通过3D Max提供的组件和模型快速搭建一个场景。

2. Maya

Maya是美国Autodesk公司自主研发的另一款世界顶级的三维动画软件，如图3.23所示，与3D Max在模块、工作流程上都极为相似，Maya的CG功能也十分全面，涵盖了建模、粒子系统、毛发生成、植物创建、衣料仿真等多个模块。

Maya软件与3D Max一样，其应用领域也极为广泛。在影视制作方面，Maya能够创造逼真的CG影像，先进的数字3D技术丰富了电影的叙事手段和创作形式，如《指环王》《星球大战》《玩具总动员》《少年派的奇幻漂流》等影片均是通过Maya软件制作的。在视频游戏制作方面，Maya可以制作出复杂的3D模型、细腻的贴图纹理和灯光设置，甚至还有火焰、流体以及动力学系统、特效系统，能够传达出更为引人入胜的视觉效果。

3. Blender

与前面介绍的3D Max、Maya不同，Blender是一款开源的跨平台全能三维动画制作软件，提供从建模、动画、材质、渲染到音频处理、视频剪辑等一系列动画短片制作解决方案。1988年，彤·罗森达尔（Ton Roosendaal）与别人合作创建了荷兰最大的3D动画工作室NeoGeo，7年之后，Ton发现本公司的动画软件老旧且操作复杂，效率低下，决定重新开发，于1995年Blender项目正式启动。由于后来 NeoGeo经营不善，新的投资人决定关闭 Blender项目。尽管当时的 Blender还存在内部结构复杂、功能实现不全、界面不规范等问题，用户们的购买热情让 Ton没有就此放弃Blender。后来成立的非营利组织Blender基金会挽救了这一项目，基金会买下Blender的产权后便进行了开源发布，如

图 3.24 Blender 软件 Logo

图 3.25 Blender2.5 Beta 软件界面

图 3.24 和图 3.25 所示。

图 3.24 Blender 软件 Logo

图 3.25 Blender2.5 Beta 软件界面

与 Autodesk 公司的建模方案相比，Blender 有很多不同。首先是其编辑工作流：Blender 并不支持可返回修改的节点式操作，因此任何对象创建完成或者编辑命令执行完毕后，修改选项就会消失，不可以返回修改参数。如果需要修改，只能先撤销某一步，修改完毕之后，再重新执行一遍后续的所有修改。其次，是其雕刻与纹理绘制系统：Blender 的笔刷都是基于"屏幕投影"进行操作的，并不存在法线笔刷，所以在操作方式和手感上，会和一般基于法线笔刷的雕刻类软件或纹理绘制类的软件有很大区别。另外，Blender 的毛发系统是基于粒子的，因此当毛发需要产生碰撞动画时，需要借助力场对象进行模拟，从而制作假碰撞的效果。

4. Cinema 4D

图 3.26 Cinema 4D 软件界面

图 3.26 Cinema 4D 软件界面

CINEMA 4D 是由德国 Maxon Computer 公司开发的 3D 模型表现软件，以极高的运算速度和强大的渲染插件所著称，目前最新版本已经更新到了 CINEMA 4D R18，如图 3.26 所示。影片《阿凡达》便使用 Cinema 4D 制作了部分场景，其在大片中的表现是非常优秀的。Cinema 4D 作为一款具有三维建模功能的数字解决方案，其诸多功能模块在同类软件中表现突出。而随着其越来越成熟的技术受到越来越多的公司的重视，正成为许多一流艺术家和电影公司的首选。

5. Rhino

Rhino，中文名称犀牛，是由美国 Robert McNeel 公司于 1998 年推出的一款 PC 上强大的专业 NURBS 3D 建模软件，该软件本身体量非常小，一般在 20MB 左右，对硬件配置要求也非常低，最低配置只要 Windows 95 操作系统和 ISA 显卡。能输出 obj、DXF、IGES、STL、3dm 等 3D 文件格式，它包含了所有的 NURBS 建模功能，因此常用它来建模，然后导出高精度模型给其他三维软件使用，如图 3.27 所示。Rhino 只能作为建模软件使用，尽管它带有渲染功能，但渲染能力较差。

6. 数字雕刻软件

数字雕刻是指利用计算机进行虚拟的雕塑艺术创作，此类软件能够模仿现实手法进行雕塑，业内最常用的数字雕塑软件有Zbrush、Mudbox等。雕刻类软件最擅长被用来烘焙法线凹凸（Normal Map）贴图，尤其是在游戏行业领域，由于显卡、CPU等的限制，每秒渲染的帧数有限，如果模型面片数过大，通常会造成游戏的卡顿，为了既能保证模型的外观质量又能使游戏能够流畅运行，通常会采用将高模的法线贴图（Normal Map）烘焙到低面模型上的方法。因此，会将建模工具制作的3D模型导入ZBrush等软件中进行雕刻，然后将其法线贴图导出。

ZBrush是一款由美国Pixologic公司推出的数字雕刻和绘画软件，如图3.28所示，它直观的工作流彻底改变了整个三维行业，推出时瞬间成为影视、动画、游戏行业炙手可热的工具。不仅能够与3D Max、Maya等主流建模软件完美结合，而且提供了UV Master等一系列高效插件，用户可以通过不同的笔刷雕刻模型，使其具有精细、逼真的纹理，再加上其支持高达10亿面多边形模型的雕刻能力，真正达到了"限制三维创作的只是用户的想象力"这一效果。

同样在业界拥有较高知名度的数字雕刻软件还有Autodesk公司推出的Mudbox，结合了直观的用户界面和一套高性能的创作工具，如图3.29所示，基本操作方式与Maya相似，使拥有大量Autodesk用户在操作上可以轻松上手。

目前市面有大量的建模工具，各有优劣，以上列出的产品均是行业中使用较多，已被认可的工具。另外，如AutoCAD、Softimage、Houdini、

图3.27 Rhino软件界面
图3.28 ZBrush 4R5软件界面

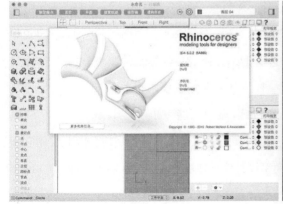

图3.29 Mudbox软件界面

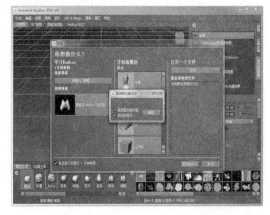

Lightwave等软件也是行业中很优秀的建模软件，限于篇幅不再一一介绍。

对于游戏行业，由于其对模型质量要求不高，无论选择哪种工具都是可以的。其中，3D Max从操作界面到具体工具的使用都非常适合初学者学习，并且有"插件之王"的美誉，大量的第三方插件使其使用起来更加方便快捷。通常一个熟练的3D美工能够在十几分钟搭建好一个较为复杂的游戏场景。与3D Max相比，Maya对外部插件的依赖性没有那么强。从建模到动画，以及软件应用速度上，Maya都更为出色。Maya可自己编辑一些插件使用，稳定性更好，工作流更科学规范，被大量影视公司使用。Rhino体积小，能够在几所所有平台使用，对于基础低模的制作很有优势，但在渲染、动画方面功能有限。数字雕刻软件主要用于精细化模型，增加模型的纹理，或为模型制作用于烘焙的贴图。国内用户建模工具较多选择3D Max和Maya，市面上也有大量的教程供开发者选择学习，遇到问题时较易找到解决方案。

3.3.2　三维模型和动画的制作

在3.3.1节中介绍的诸多软件均可完成模型制作的工作，尽管不同软件的出品公司不同，但模型制作原理基本相同，下面以Autodesk Maya 2015软件为例，对如何利用建模工具制作三维模型进行基本介绍。

一、三维建模方法

制作一个3D静态网格模型通常要经过两个阶段：建模阶段，材质与贴图阶段。在Maya中有Polygon（多边形）建模、NURBS建模和细分曲面建模等方式，每种方式各有优劣，经常会结合使用，下面分别介绍这两种建模及制作材质、贴图的方法。

1. Polygon建模

Polygon（多边形）建模技术是在交互艺术领域最常用的建模技术，它是用三角面来构成多边形以模拟曲面，从而制作出三维对象。多边形是一种表面几何体，它可由一系列的三边或者多边空间几何表面构成，这些几何表面都是直边面，大多数情况下，在建模工具中多见为四边面建模，这其实是系统自动将共享的一边给隐藏起来了，大部分游戏引擎如Unity，会再将这些隐藏的边显示出来。Polygon建

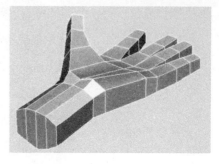

模的优点是快速、简单、方便，可以如同捏泥塑一样创作出所需的模型，如图3.30所示。

构成Polygon的基本元素是顶点、边和面。顶点（Vertex）是构成多边形对象最基本的元素，多边形每个顶点都有一个序号，并且该序号是唯一的，质点序号之间是连续的。边（Edge）是顶点之间连接的直线，渲染的结果中，多边形的外轮廓线均为折线。面（Face）在Polygon模型中，是将三个或三个以上的点用直线连接形成的闭合图形，它可以是三边面（Triangles），也可以是Quads（四边面）。Vertex、Edge、Face是Polygon的基本构成元素，在Maya 2015中通过对对象右击，在打开的菜单中能对各元素进行切换选择，如图3.31所示。

在进行Polygon建模时需要注意以下几个问题。

（1）把握整体与细分。多边形建模首先需要关注的是对象的基本形体与细分量，也就是模型塑造从简单到复杂、从整体到局部的过程，对于初学者来说需要有这样的敏锐观察能力。任何形体都有其基本形，需要从复杂的形体中简化形体，这样才能更有利地把握整体的造型。而细分量的设置需要合理化，细分高了或者低了都将影响模型的编辑。

（2）创建对称结构。在建模过程中经常会碰到一些对称结构的对象，如工业造型、角色等。制作这种模型的有效方法是：创建对象的一半，然后镜像复制另一半造型来完成整个模型的制作。对称对象的操作可以通过Duplicate SF（特殊复制）命令设置相应轴向的逆缩放操作来完成对象的镜像复制，也可以通过菜单中的Mesh-M→Geometry（镜像几何体）命令完成对应的形体复制。

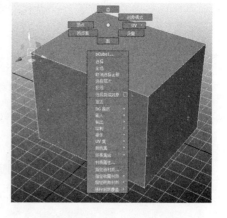

（3）多边形法线。多边形中的法线决定了面的朝向，当对象中的多边形法线方向不统一时，将会造成贴图不能正确显示、模型无法合并、动力学计算错误等问题。在Maya 2015中专门为法线定义了Normal菜单。其中比较常用的命令有Reverse（反转）法线、Conform（统一）法线、Soften Edge（设置软边）、Harden Edge（设置硬边）等。

2. NURBS建模

NURBS建模的过程可分为NURBS曲线建模、NURBS曲面建模。曲线建模是NURBS建模的基础，也是学习曲面建模的前提。在NURBS建模操作命令的运用上，曲线建模与曲面建模使用的命令有一定的相关性，在学习过程中可以连贯起来理解。

在"菜单选择器"下拉列表中选择Surfaces模块，NURBS曲面编辑菜单主要有3个部分：编辑曲线（Edit Curve）、编辑曲面（Surface）和编辑NURBS（Edit NURBS）。Edit Curve主要包括曲线编辑的相关命令；Surface主要包括曲线生成曲面的编辑命令；Edit NURBS主要包括曲面编辑的相关命令，如图3.32所示。

在通常情况下，选择CV Curve Tool（CV曲线工具）或者Edit Point Curve Tool（EP曲线工具）命令来创建曲线。如果只需要大致定位控制点，然后再进行调整，那么可以通过使用CV曲线工具；如果需要特定的控制点位置，那么通过使用EP曲线工具把曲线放置在单击点的位置。曲线的CV大点将根据编辑点的位置创建。左侧曲线为根据红点（CV点）的位置创建的曲线造型，右侧曲线为根据黄点（EP点）创建的曲线造型。

在创建曲线的过程中要考虑结构的合理性，缺乏合理性将影响曲线造型的效率，从而影响渲染的速度。两条曲线有相同的形状，但上面的曲线拥有的CV点比下面的曲线多很多，从使用的有效性来说，显然下面的曲线更好一些，且曲线的CV点数量越多，则越难保持曲线的平滑性。

曲线构造的重组。对于构造不合理的曲线，可通过在主菜单中选择

图3.32 NURBS建模菜单栏

Edit Curves→Rebuild Curve Tool（曲线重构工具）命令来进行曲线

有效化调整。控制曲线的Rebuild type（重建类型）设置可以重建曲线结构，Number of spans（段的数量）设置可以重新调整曲线点的数量，Degree（度数）控制曲线的平滑度等属性。

NURBS曲面模型比Polygon多边形模型更容易控制表面的平滑度造型，也更容易控制表面的精细度。在渲染前，可以根据不同的渲染要求，自由调节其渲染精度，节省渲染时间。

3. 细分曲面建模技术

细分建模作为一种新的建模手段，它融合了NURBS和Polygon建模的优点。细分建模同NURBS一样具有平滑的曲率，同Polygon模型一样可以任意拓扑。此种建模方式以细分性见长，能够轻松地在局部不断提高细分层次，用户可以在高精度细分的状态下进行模型雕刻，并且能够在高、低两种细节显示级别间灵活切换，从而在不增加整体模型细节的基础上，局部增加细节，如图3.33所示。

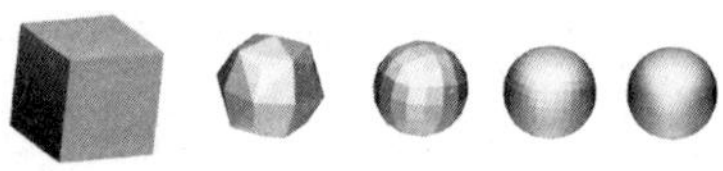

图3.33 球体的细分示例

在Maya中进行细分曲面的方式有两种：一种是直接创建具有细分对象表面的基本对象，可以在"曲面（Surfaces）"模块下，通过"细分曲面（Subdiv Surfaces）"工具栏创建所需要的模型几何体，如图3.34所示。

图3.34 Maya 2015中的细分曲面

另一种是在Polygon模型或NURBS模型基础上将其转换为细分模型，然后继续编辑，具体的方法是，通过"修改（Modify）/转化（Convert）"菜单，选择"多边形到细分曲面（Polygons to Subdiv）"或"NURBS到细分曲面（NURBS to Subdiv）"命令，如图3.35所示。

总体而言，Maya与3D Max中的细分曲面建模并不成熟，这也是Autodesk公司为保证产品流程线的完整性而强制加入的制作模块。一般3D模型师都会只在Maya、3D Max中制作静态低模，然后导入ZBrush等数字雕刻软件中进行细分雕刻。毕竟细分建模技术，以专业细分建模见长的ZBrush使用起来更加高效。

4. 材质与贴图

当模型制作完成后，需要为其添加材质（Shade）。材质的添加，可以为模型增添光泽、颜色、凹凸、纹理等特性，使其更具有真实感和生动性。

Maya中有多种材质球可以选择，较为常用的有五种：Blinn材质

图3.35 将已创建的多边形或NURBS模型转换为细分曲面

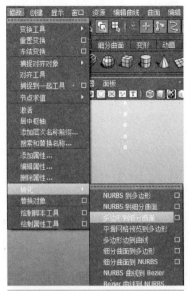

适用于表面光滑、有高光的对象，像金属、人的皮肤等，如图3.36所示；Lambert材质不会反射周围的环境，常用于表现自然的材质，如岩石，木头，砖体等；Phong材质会有明显的高光区，适用于湿滑的，表面具有光泽的对象，如玻璃、水滴等；Phong E材质比Phong材质增加了一些控制反射的参数；Anisotropic（各向异性）材质用于具有微细凹槽的表面的模型，镜面高亮与凹槽的方向接近于垂直的表面，如头发、斑点、CD光盘、切割的金属表面等。

图3.36 添加了简单Blinn材质的灭火器对比（AR图片）

　　每种建模工具几乎都自己的渲染技术也对应不同的材质制作方法，同样，游戏引擎的材质方法也不尽相同。这时，对于3D美术素材，制作材质时就需要更加谨慎。Unreal引擎拥有一套完善的Material系统，能够通过蓝图（Blueprint）制作自己所需要的材质球，无论是逼真写实或是卡通渲染都能够轻松实现。同样Unity引擎也拥有自己的渲染方法，也就是着色器（Shader）的编写。着色器（Shader）是用来控制可编程图形渲染管线的程序，开发人员可通过编写不同的着色器（Shader）来实现所需要的渲染效果，Unity本身内置的着色器超过了80个，开发人员可以用其进行拓展或重新编写。

　　因此，为防止3D建模工具中的材质系统与游戏引擎中的材质系统冲突，一般采用两种模式，对于材质较为单一、简单的模型直接调整材质球的颜色等属性实现效果，而拥有较为复杂外观的模型则会使用贴图制作材质，在导入引擎后再利用贴图重新制作材质球赋予模型，大部分引擎会在导入模型时自动生成材质球。这时，贴图的绘制也就直接决定了模型的表现效果，贴图越大表现出的内容也就越细致，同时，游戏引擎加载时也就越慢。通常为了提高加载速度，防止渲染中的卡顿，会尽可能使多个模型使用同一个材质球，这时也就需要将多个模型的贴图烘焙到一张图片当中去。常用的图片格式有两类：矢量图和位图。在制作模型贴图时使用的是由像素点构成的位图，常见的图片格式有TGA（Targa）、PNG（Portable）、BMP（Windows bitmap）、DDS（DirectDraw Surface）等，Jpg和JPEG也是可以使用的图片格式，但由于没有透明通道，压缩率过高，很多专业模型师不采用这种类型的图片贴图。模型贴图常用的主要有三种：颜色贴图（Color Map）、高光贴图（Special Map）、法线贴图（Normal Map）。

颜色贴图（Color Map）包含了模型的色彩信息，即能够呈现出对象的固有色，也是贴图中最重要的。在制作许多卡通风格的模型时只需要制作颜色贴图即可。如图3.37所示的石碑模型颜色贴图效果如图3.38所示。

法线贴图（Normap）也称为凹凸贴图，能够在不改变模型轮廓布线的前提下，尽可能表现出更多的细节。法线贴图通过RGB颜色通道来标记法线的方向，每个平面的像素点拥有不同的高度值，包含细节信息，从而在模型表面创建出多种特殊的立体视觉效果，如图3.39所示。目前很多游戏模型均是通过将具有细节信息的高模烘焙出法线贴图，然后赋予低面模型，使之具有高模的效果，从而达到游戏中最优的渲染表现。

高光贴图（Specular map）一般只包含黑、白、灰信息，当游戏中运用实时光照技术时表现模型光照信息的贴图，如图3.40所示。它决定了模型吸收光照的强弱，从而表现模型的材质属性。

模型贴图的绘制分为三个步骤。

首先要展UV，即将三维线框的模型展开成为二维形式，一般三维软件当中都会有UV编辑器，如图3.41所示，在Maya 2015中，在多边形模块下，点击"编辑UV/UV纹理编辑器"即可打开，选中有UV的模型时，即可观察他们的UV纹理图像。另外，像ZBrush雕刻软件还内置

图3.37 116面的石碑模型
图3.38 颜色贴图
图3.39 法线贴图
图3.40 高光贴图

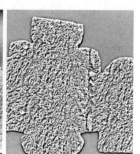

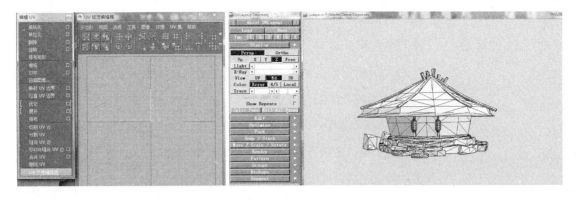

图3.41 Maya 2015中的UV
图3.42 UVLayout编辑器界面

了自动展开模型UV的插件UV Master，实现一键展UV，但这种插件的UV展开效果往往不尽人意，模型师又无法调整，因此只有模型较为简单或工期过于紧张时才会使用。

3D模型工具中使用的UV编辑器由于功能复杂，使用起来效率并不高，很多模型师喜欢使用第三方的UV展开工具，如UV Layout等，能够快速将一个复杂的模型UV展开，如图3.42所示。

第二步是绘制UV贴图。将展好的UV贴图导出为TGA或JPG等图片格式，然后使用绘图软件进行绘制，如Photoshop、Painter、SAI等。绘制完成后，保存UV贴图。

图3.43 在Maya中赋予贴图给模型

第三步是将绘制好的UV贴图重新赋予模型。一般要在建模软件中新建材质球，然后编辑材质球，将所制作的颜色贴图、高光贴图、法线贴图等放置于不同的通道，并将材质球赋予模型，如图3.43所示。

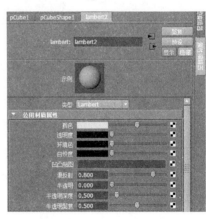

5. 实例制作

在实际工作过程中，Polygon建模技术和材质贴图技术基本能够满足日常的建模需求，也是最常用的模型技术，下面以"校车火场逃生"项目中的安全锤模型为例，讲解Polygon建模技术。

安全锤是"校车火场逃生"项目中所要使用的重要道具，面数要控制在千面以内，否则可能会影响运行时的渲染速率。校车中击碎玻璃逃生的安全锤与公交车内的安全锤基本一致，将整个模型分成2部分：安全锤和底座。

（1）创建一个多边形立方体。在"多边形"模块下，选择"多边形"菜单下的"创建多边形立方体"工具，在工作区创建一个立方体模型，如图3.44所以。

（2）编辑多边形。创建了基础多边形模型后，可以通过"边、顶点、面"三种基本方式，编辑模型。选择"面"编辑模式，将模型拉长，如图3.45所示。

（3）使用网格工具编辑多边形。在多边形模块下，单击"网格工具"菜单，即可弹出网格工具的下拉菜单，其中较为常用的是"倒角工具""挤出工具""切割面工具""插入循环边工具""合并顶点工具""多切割工具"，如图3.46所示。

（4）使用"插入循环边工具"，在模型侧面插入两条边。

（5）使用挤出工具，选中需要挤出的面，挤出一定高度，做出安全锤的基本形状，如图3.47所示。

（6）交替使用"点、边、面"编辑模式，配合"插入循环边"工具、"挤出"工具将模型调整成如图3.48所示形状。

（7）制作锤头和安全锤底座。选择"多边形圆柱体"，如图3.49所示，根据锤柄的宽度和深度对其进行调整，如图3.50所示。

（8）制作材质。将整个安全锤分三部分进行制作的原因就在于它们的材质颜色各不相同。根据安全锤本身为塑料材质，锤头为金属材质，均可使用Blinn材质球，如图3.51所示。安全锤金属头部分将颜色调整

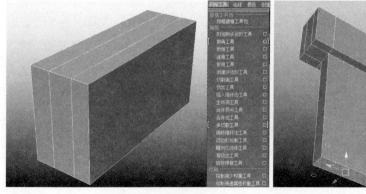
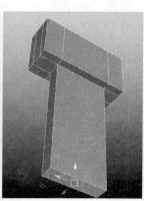

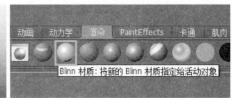

图3.49 选择圆柱体多边形工具
图3.50 制作好的零件
图3.51 Maya中的Blinn材质球

为银灰色；锤柄、底座将颜色调整为深红色，如图3.52所示。

（9）组装部件。调整好材质后，可以将安全锤金属头和锤柄组装在一起，同时选中这两个模型，然后执行"网格/结合"命令，使其变成一个模型，如图3.53和图3.54所示。

二、三维动画制作

在准备VR项目开发的美术素材中，除了前面制作的静态3D模型，还可以制作各种动画素材，最常用的是骨骼动画。由于大部分引擎如Unity、Unreal等本身也拥有动画系统，一般简单的路径动画会直接在引擎中实现，这样可以避免素材导入和交互实现时出现不必要的Bug。可以通过3D建模工具实现多种类型的动画，然后将其导入游戏引擎中进行使用。

在本小节中，将会借助Maya平台，介绍基础的动画原理，以及不同动画的制作思路及方法。首先介绍最基础的关键帧动画，再依次对路径动画、变形动画、约束动画和骨骼动画进行介绍。由于本书篇幅有限，无法对各类动画的制作技术进行详细案例讲解，如果需要进一步学习和掌握三维动画的制作技术可以查阅相关专业教材及视频资料。

平时所看到的动画都是由一系列的静态帧按照指定的时间和序列移动，通过人体眼球内的视觉暂留原理实现动画的效果。制作动画的方法有很多，如逐帧动画、关键帧动画等，在三维动画的制作中，最常用的

图3.52 调整材质球的颜色属性
图3.53 网络/结合命令
图3.54 安全锤最终模型（AR图片）

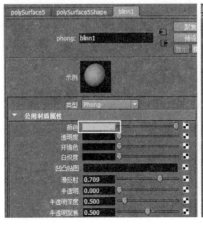

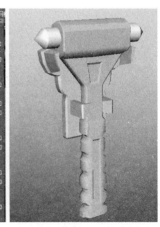

还是通过记录关键帧的动画制作方法。

1. 关键帧动画

关键帧动画是指在不同的时间点，将动画对象的特征记录下来，并根据各关键帧之间的动画差异自动补全普通帧动画的一种动画制作方法。

2. 运动路径动画

在制作飞机飞行、皮球弹跳、蝴蝶飞舞等动画时，最常用到的就是路径动画。路径动画可以使模型沿着固定的曲线平滑移动。制作路径动画时，可以利用一条NURBS曲线作为运动路径来控制模型的位置和旋转角度。多边形模型、NURBS曲面、细分曲面、摄影机、灯光、粒子等都利用运动路径产生曲线运动，生成特殊的动画效果。

3. 变形动画

在制作植物生长、人物表情、水滴等动画时，单纯的路径动画已不能满足需要，一般会用变形动画。在Maya中，用变形器控制变形效果，控制点包括顶点（CVs）、多边形顶点和晶格点。多边形表面、NURBS表面、NURBS曲线和晶格等都是可变对象。

4. 约束动画

约束（Constrain）动画功能可以实现将某个对象的位置、方向、比例约束到其他模型对象上。当然，也可以在利用约束对象在模型上施加特定限制，并使动画过程自动进行。

在制作约束动画时，最基本的元素是目标对象（Target Object）和被约束对象（Constrained Object）。在Maya中创建约束的方法就是选择目标对象，再选择被约束对象，然后执行"约束（Constrain）"命令。

在Maya中提供了多种约束类型，包括点约束（Point）、目标约束（Aim）、方向约束（Orient）、缩放约束（Scale）、父对象约束（Parent）、几何体约束（Geometry）、法线约束（Normal）、切线约束（Tangent）、多边形点约束（Point On Poly）、最近点约束（Closest Point）和极向量约束（Pole Vector）。

5. 骨骼动画

骨骼动画也被称为"角色动画"，是在三维动画制作中较为复杂的一种动画类型，即通过为模型绑定骨骼，调整骨骼来控制角色模型运动的一种动画制作技术。其中，最核心的技术就是骨骼装配技术和角色蒙皮技术。

在Maya中创建完整的骨骼，包括三部分：FK骨骼、IK骨骼、控制手柄（Handle）。其中最重要的是FK骨骼，FK被称为"正向动力学"，可以旋转骨骼中的各个关节并设置关键帧，一般对于游戏模型来说，只制作FK骨骼和控制手柄，很多引擎不支持IK骨骼，或很容易在使用时与引擎原有动画系统冲突。因此，在制作游戏模型中的动画骨骼时，一般只使用FK骨骼。IK即"反向动力学"，它的特点是依靠控制器直接将骨链端点的骨骼移动到目标点，而不需要像FK骨骼那样逐个移动关节点。控制手柄（Handle）是绑定在关节上的，对于一些关键的关节，制作动画时需要旋转、移动等，由于单一的关节较小，很难控制，因此为了方便制作动画时调整骨骼，就利用NURBS曲线形状作为控制器，绑定在一个关节或一组关节之上。

骨骼是组成脊椎动物的坚硬器官，其主要功能是运动、支持和保护身体。就人体而言，一个成年人有206块骨骼，当然在制作骨骼动画时通常不会创建这么多骨骼，而只制作有关键影响的骨骼及关节。关节是骨骼之间的连接点，每个关节可以连接一个或多个骨骼，关节可以控制骨骼的移动和旋转。无论是骨骼还是关节都不会被最终渲染出来，所以在创建骨骼时，局部模型比较特殊，骨骼露在模型外面也是没有关系的。

骨骼之间具有父子关系，所有创建的骨骼会形成一个"肢体链"，每个骨骼关节都会有级别关系，当然也会有多个骨骼属于同级关系，最终形成一个树状结构的关系图。其中，第一根创建的骨骼被称为"根骨骼"，所有的骨骼都在根骨骼的层级之下。

在创建骨骼时，无论是动物还是人物，骨骼的命名都需要正规、严谨。动物的骨骼系统种类较为复杂，要根据不同的运动规律创建不同的骨骼系统。相较之下，人物的骨骼更为统一，应用于游戏等互动娱乐产品中的模型骨骼一般来说不会制作得过于复杂。

6. 实例制作

图3.55 外部模型（AR图片）

下面以项目中人物模型骨骼动画制作为例，讲解骨骼动画及关键帧动画制作技术。

（1）首先要用多边形建模技术制作卡通的小男孩模型，如图3.55所示，准备好静态模型后，开始制作人物骨骼。

（2）在Maya中动画模块（Animation）下选择骨骼（Skeleton）菜单中的"关节工具

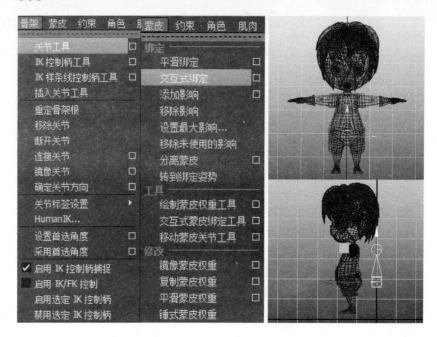

图3.56 骨骼绑定菜单
图3.57 骨骼创建

（Joint Tool）"，激活关节创建命令，这时即可开始创建骨骼，如图3.56所示。创建完一组后，可通过Enter键结束创建。在创建骨骼的过程中按空格键切换视图可以更方便控制骨骼的位置，如果创建完毕后，发现位置仍不满意，可以按下Insert键，在不影响其他层级骨骼的前提下单独调整某一关节的位置，如图3.57所示。

图3.58 打开X射线

（3）为了方便创建骨骼，可以打开"X射线显示"命令，这样可以更方便创建骨骼，如图3.58所示。

（4）为创建的骨骼命名。骨骼创建完成后，或创建完一组骨骼时，如图3.59所示，要及时为骨骼命名，这也是制作模型动画的良好习惯之一。骨骼命名可以有自己的命名习惯和规则，腿部骨骼命名规范如图3.60所示，身体部位骨骼命名如图3.61所示，手部骨骼的命名如图3.62所示。

图3.59 完成骨骼创建
图3.60 腿部骨骼命名
图3.61 身体骨骼命名
图3.62 手臂骨骼命名

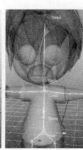
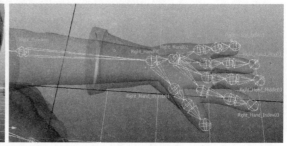

图3.63 "蒙皮" 菜单

（5）角色蒙皮。在创建完成骨骼之后，接下来就可以将骨骼与模型绑定了，这一过程被称之为 "蒙皮"。同时选中骨骼和模型，单击 "蒙皮（Skin）" 菜单，选择 "交互式绑定"（Interactive Skin Bind），如图3.63和图3.64所示。

（6）调整每一块骨骼所控制的模型面积及影响程度，这一过程也常被称为 "刷权重"。其中，由红色到蓝色过度，表示控制权重逐渐降低，深蓝色代表完全不受控制，如图3.65所示。

（7）当模型绑定骨骼之后，就可以通过调整骨骼来改变模型的姿态了，这时可以用之前的关键帧动画的原理，生成最终的角色动画。选择要调整动画的骨骼，在通道盒面板中选中 "旋转X、旋转Y、旋转Z" 三个属性，右键设置 "为选定项设置关键帧"，设置后此三项会变成红色，如图3.66所示。

图3.64 "交互式绑定" 工具
图3.65 为骨骼刷权重
图3.66 为骨骼设定关键帧

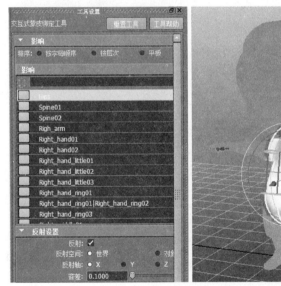

（8）打开 "自动关键帧" 按钮，如图3.67所示。

图3.67 打开自动关键帧

（9）设定关键帧，调整骨骼。在了解关键帧动画的基本原理之后，在时间轨上设置关键帧，会自动填补普通帧形成动画。拖动时间滑块到需要设

置关键帧的位置，由于已经打开 "自动关键帧" 按钮，这时调整骨骼角度会自动形成关键帧。设置完关键帧后，点击播放按钮，即可预览已制作的动画。

3.4 场景搭建

正如前面所述，虚拟环境涉及硬件平台、软件系统以及在此基础之上所构建的三维虚拟环境（即VR内容）。本节重点围绕三维虚拟环境的构建进行论述。根据虚拟环境表达方法的不同，将虚拟环境的构建方式分为两种类型：基于三维几何模型的构建和基于图像的构建。下面分别对这两种类型的特点、制作方法、常用工具等进行介绍。

3.4.1 基于三维几何模型技术

图3.68 三维渲染的自然场景

基于三维几何模型构建三维环境，其中的对象都采用经典的几何面片的方式进行表达。如图3.68所示，为一个真实感的三维场景，图3.69则显示了该场景背后的几何数据的真实面目，所有对象，包括地上的小草、树木；远处的山峦，天空的云朵等，全都是由几何面片所组成。当给面片赋予纹理，并进行真实感渲染之后，这些几何面片就组成了一幅逼真的画面。

图3.69 建模软件中模型的面片显示

从技术角度而言，这种虚拟环境的构建需要计算机图形学的技术支撑，包括三维建模、渲染和动画方面的诸多算法，具有很高的技术门槛。但方便的是，现在已有大量成熟的商业软件来帮助完成这种虚拟环境的构建。

首先，在内容素材的制作方面，三维模型、动画可以用3D Max、Maya等软件制作；纹理贴图可以用Photoshop、Illustrator等进行加工；声音素材则可借助Adobe Audition等来录制并合成。

然后，在VR系统的开发方面，许多VR引擎，如Unity、Unreal、CryEngine等为开发者提供了强大的支持，它提供了构建VR系统所需要的一般性框架及主要功能模块，如渲染功能、物理模拟、场景管理等。用户只需要将模型、动画、材质等VR素材导入给引擎，并进行适当的逻辑设定，如用键盘控制摄像机进行场景漫游、发射炮弹击落虚拟场景中的对象等，引擎就可以将之整合形成一个VR系统。运用VR引擎使得用户不需要从头开始一个VR系统的开发，也不需要考虑渲染算法、物理碰撞等基本技术问题，从而可以将精力集中在内容素材的制作及逻辑设定上。这大大降低了VR系统的开发门槛，提高了VR内容制作的效率。

3.4.2　基于三维全景技术

一、三维全景技术概述

全景（Panorama）的英文单词源自于希腊语 πᾶν（所有）和 ὅραμα（视线），寓意为"视野中的所有景色"。18世纪末，英国画家罗伯特·巴克（Robert Barker）为了描述他的画作《爱丁堡风景》和《伦敦风景》，创造了全景（Panorama）一词，如图3.70所示，代表了对对象世界的广角描述。随着时间的变迁，全景创作逐渐被广泛运用在绘画及摄影作品中。

与传统摄影及绘画等领域中的全景不同，本小节所讨论的全景，即三维全景技术（Three Dimensional Panorama），是在全景图像的基础上来表达虚拟环境的虚拟现实技术。三维全景技术是虚拟现实技术的一个重要分支，该技术主要利用逆投影技术将全景图像投影至几何体表面，进行一定的视角补偿及畸变修正，进而展现出三维空间场景。其通过真实或虚拟相机，将目标周围的三维空间进行捕获并最终拼接转化成二维图片。所得到的二维图片通过特定的播放技术，让用户可以与其动态交互，身临其境般多角度动态的浏览场景。

与上小节基于几何模型的构建方式不同，基于图像的构建方式并不对三维场景中的一个个对象进行几何面片的构建，而是对整个场景进行多角度摄像，根据摄像得到的图片或视频生成一个允许用户进行自由观看或漫游的展示环境。这种方式最典型的代表就是全景图（Panorama），其主要过程如图3.71所示：首先由用户绕一固定点旋转拍摄场景，如图3.71（a）所示，得到一具有部分重叠区域的图像序列，

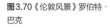
图3.70《伦敦风景》罗伯特·巴克

如图3.71（b）所示，将这个图像序列拼接起来，无缝地粘接成一幅更大的画面，如图3.71（c）所示；将拼接后的整幅图像变形投影到一个简单形体（如圆柱面、球面或立方体）的表面上，即构成一幅全景图像，如图3.71（d）所示；将视点放在简单形体的中央，即可实现对周围环境的360度自由观看。如果拍摄和拼接的是视频，那么就可以生成全景视频。

从技术角度而言，基于图像的虚拟环境构建来源于计算机图形学的一个重要研究方向：基于图像的建模和绘制（Image based Modeling and Rendering，IBMR）。IBMR并不是刚刚提出来的新技术，而是早已有系统的研究和应用。早在1995年，Apple公司就曾推出了一款专门用来制作全景图漫游的软件QuickTime VR。全景图的制作需要图像的矫正、配准、融合、反投影变换等一系列技术步骤，现在有很多商业软件可以帮助完成这些过程。如Photoshop、PTGUI等可以完成全景图像的拼接；Video Stitch和Kolor Autopano Video Pro等可以进行视频拼接；而Pano2VR、Krpano等可以进行全景作品的制作和播放。这些软件使得制作一个全景漫游作品不需要任何高深的专业知识，非常简单、方便。

近年来，随着VR产业的兴起，全景图等基于图像的场景构建技术获得了大量应用，人们发明了形形色色的全景拍摄设备，并纷纷运用全景图来进行场景展示、新闻报道。甚至出现了一种新的电影形式，叫全景电影（也称为VR电影）。在这种电影中，用户不再完全受控于导演的摄像角度，而可以360度地自由观看，提供了一种全新的观影体验。相对于基于几何模型的虚拟环境构建方式，全景内容的制作只需要拍摄、拼接即可，制作更容易、更快速。因此，人们很容易就可以为VR头盔提

图3.71 全景图的基本流程

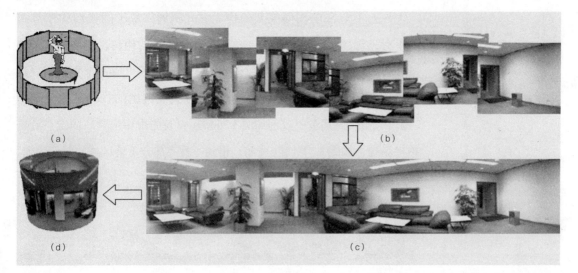

供大量的全景观看内容。这从某种程度上缓解了当前VR内容匮乏的问题，从而获得了巨大关注。

1. 全景的分类

根据制作方式的不同。全景大致可分为两种，一种是真实全景，一种是虚拟全景。真实全景即是利用摄像设备，对真实世界进行多角度图像采集，经拼接合成后形成的真实场景。而虚拟全景则是利用三维软件，如3D Max、Cinema 4D、Maya等三维软件，通过特殊的虚拟相机及制作技巧制作出的虚拟场景。

根据全景的制作及其外在表现形式，全景可分为柱形全景、球形全景、立方体全景及对象全景等几种类型。

（1）柱形全景

柱形全景是最简单的全景形式，可以将周围的世界想象成一个圆柱，而人们都处于这个圆柱中心。当水平环顾一周，所看的图像就是柱形全景。

柱形全景的图像采集非常方便，普通用户通过普通的数码摄像设备甚至是手机摄像头即可完成。柱形全景拍摄时要将摄像机固定在场景中心，进入拍摄环节时，摄像设备以自身为中心点环绕一圈并在过程中不断的拍摄，最后拼接起来的图像就是柱形全景图，如图3.72所示。

柱形全景的水平视角可以达到360度，但其垂直视角并没有达到180度。在播放器中浏览时，可以自由地水平环视场景，但垂直视角受到了限制，无法看到场景中的顶部和底部。

（2）球形全景

顾名思义，球形全景将周围的世界看作一个球形，人们处于球形中心，此时，不仅可以水平环绕一周观看场景，而且可以进行上下观察，所看到的图像，展开来就是球形全景图。其拍摄过程与柱形全景图类似，不同的是，需要再对场景的顶部和底部进行拍摄，最后拼接为球形全景图，如图3.73所示。

图3.72 柱形全景图拍摄示意图

球形全景不仅水平视角达到了360度，其上下视角也达到了180度。在播放器中浏览时，不仅可以自由观看水平场景，垂直视角也可上下90度自由观看。同等质量下，

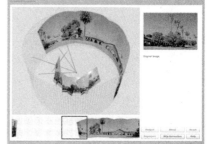

图3.73 日本理光Theta相机拍摄的球形全景

其观看体验要优于柱形全景。

但是，球形全景的制作比柱形全景的制作更为复杂。一张好的球形全景图无论是在拍摄还是在后来的拼接工作中，工作量都要高于柱形全景图。即便对于某些可自动生成球形全景图的设备，由于球形全景图需要将获取到的平面图像转化为球面图像，而球面为不可展曲面，其转化过程也非常复杂。

（3）立方体全景

立方体全景是指将图像投影到立方体的六个表面上，其每个表面上的图片都是水平视角、垂直视角均为90°的正方形图像。当人们处在立方体中央对周围环境进行观察时，若每个视角都得到了一定补偿，那么就会看到与柱形或球形环境图类似的环视效果。

立方全景的图像采集难度较高，由于其对每张图片的拍摄角度及范围距离都有较高的要求，因此立方体全景图在拍摄时需要借助于专业的拍摄工具，在水平及垂直方向以90°为间隔拍摄6张照片，将6张照片按照立方体的六个表面无缝拼接后，即可获得立方体全景图。其可视角度可达到水平方向360°，垂直方向180°。

（4）对象全景

对象全景是指以目标对象为中心，摄像机围绕其旋转360°拍摄其细节部分，得到最终图片，最终生成相应图像，如图3.74所示，或者摄像机不动，将目标对象旋转360°，摄像机均匀且持续拍下多张图片，最终生成相应图像。生成的图像经过进一步加工后，可通过操作从多个角度欣赏对象细节。

2. 全景图和全景图播放技术

在日常生活中，很多人都存在着一个误区，把全景图和全景图播放技术两者混淆。往往认为全景图本身即带有可交互浏览的特性。但其实所谓全景图，仅仅是一张二维图片，其本身并不带有任何的互动性，也无法实现经常所用到的拖动旋转浏览等常规浏览操作。

真正让全景图实现互动的，是全景图播放技术，可以将其通俗的理解为全景图播放器。全景图播放器是全景图可以实现用鼠标拖动视角浏览全景图的支撑，是全景图实现交互的基石。

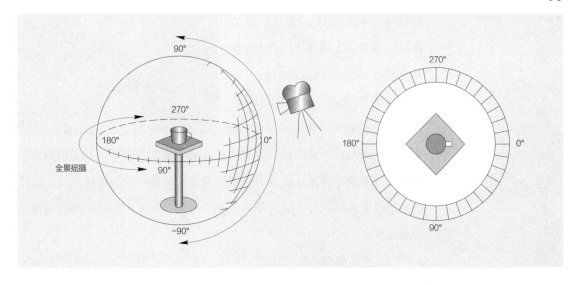

图3.74 对象全景示意图

目前市面上全景图播放器众多，针对不同平台均有对应的播放引擎。PC端的全景图播放器一般可以自行选择图片进行播放，若无特殊需求，不需要将全景图封装至全景图播放器。而网页和移动端播放一般需要将全景图封装至特定的全景图播放器，进行互动浏览。目前网页端比较成熟的是基于Flash的播放技术，大部分的全景图在线浏览的背后支撑均是Flash。但随着移动市场的需求爆发，基于HTML5及JavaScript的播放引擎也愈发成熟。在发布时需要根据不同的平台需求，选择不同的方案。

3. 三维全景优势

（1）旅游业

三维全景是旅游业宣传的有力工具。其真实性强、互动性好、制作成本低的特点可被用来作为景点宣传的有力支撑，利用高质量的全景图向观众展示目标景区的优美环境，达到吸引顾客、宣传景点的目的，如图3.75所示。

（2）房地产

房地产领域是三维全景技术应用的一个重要领域，由于行业自身特点，房地产业自身对展示功能的需求较高。在楼盘展示、区域环境、房

图3.75 景点全景图

图3.76 室内设计全景图

型展示、家装设计、室内装修等领域，全景图的存在可以让消费者更直观地体验到上述内容。在真实性需要方面，真实全景图可以全方位的展现真实环境的信息；

在方案展示方面，常用的三维软件可以渲染出全景家装设计图供消费者查看，如图3.76所示。此外，全景图具有的传播性较强的特点，可以使潜在消费者在互联网上随时随地观看，提前了解相应信息，节省沟通时间和成本。

（3）定位导航

三维全景技术在定位导航系统中也有着重要的应用。传统的定位导航方式通过在二维地图上的位置点来标注用户位置，对用户周边环境的描述仅限于文字或简单图像描述。而三维全景导航通过全景技术，采集真实图像，为用户建立虚拟场景，并在虚拟场景中标注用户位置。用户通过虚拟场景与现实场景的对比，能更准确的明确自身位置所在，如图3.77所示。同时以此为基础发展出的街景产品，更是方便用户足不出户，便能了解目标地点的周边环境，方便用户游览、出行。

图3.77 街景导航

（4）电子商务

电子商务领域中，由于其线上产品需与线下消费人员对接，如何能让顾客更多地了解一款线上产品并让潜在顾客产生购买欲望便成了电商领域需要解决的一个重要问题。三维全景技术可以较为方便地解决这个需求。通过全景技术，顾客可以在互联网上全方位、多角度地查看产品信息，同时还可以结合多媒体技术对部分产品细节进行深度阐述。这不仅可以达到较好的宣传展示效果，同时节省了宣传成本。

（5）仿真模拟

在仿真模拟领域，全景技术可以以较低的成本模拟真实场景，尤其是用户需要了解封闭、复杂场景中的具体细节时，全景技术有着较大优势。全景技术可以精确地对目标细微的细节进行采集，最后拼接、组装为封闭场景，不仅还原了具体细节，同时也为用户搭建了封闭场景，使用户能全方位地了解场景细节，并可以通过交互手段，对特殊区域进行进一步观察，使用户对细节的了解更为方便深刻。

二、基于三维全景制作工具的虚拟场景搭建

1. 三维全景制作的可选方案

随着技术的进步，目前对于三维全景的制作方法从拍摄到封装作品已经有了多种途径，专业全景图像一般有以下3种制作方法。

方案1：使用传统的摄像设备，如鱼眼镜头、广角镜头等，通过合适的拍摄技术，拍摄一系列照片。然后通过PTGUI等全景图拼接软件将照片进行拼接调整，最后将全景图通过Pano2VR、KRpano等软件封装至全景图浏览器，使其可以互动浏览。这一方法也是目前业内采用的主流方法。其优势是设备通用，成像像素高，图片质量好，可以自由定制拍摄，适用场景丰富。但其缺陷非常明显，拍摄过程烦琐，图片拼接麻烦，后期工作繁重。

图3.78 GoPro HERO5 Black 相机

方案2：使用特制的全景设备拍摄，然后直接通过硬件或者软件生成全景图。代表设备有GoPro（如图3.78所示）、理光theta、德国工程师发明的抛掷式摄像机等。这类设备的优势是使用方便，而且非常便捷，使用者不需要考虑后期的合成工作，效率较高。但是其成像质量可能稍差，成像图片可能无法满足需求，而且适用场景有限。

方案3：使用带摄像头的智能移动终端拍摄。这类拍摄方式往往是通过如Cardboard相机，全景相机等智能手机Apps来进行。这类Apps一般会为用户提供一些拍摄指示，用户需根据Apps内的指示进行拍摄，最后由Apps自动生成全景图，然后分享至社交网络。这类拍摄方式的优点是成本低廉，便捷高效，易于分享。但其成像质量很难有保障，适合普通大众分享日常的生活拍摄。

此外，还有通过专门的三维软件，搭建场景，使用软件内特制的全景相机渲染出全景图片，如Autodesk配合Vary渲染器的全景相机渲染全景图。此类全景图一般较多用于家装项目，但这种类型并非写实性的全景图，限于篇幅此处不展开介绍。

在本小节接下来的部分，重点介绍业内主流的制作方案，即方案1，通过传统摄影设备拍摄，最后在软件中完成拼接以及最后的封装发布。

2. 常规全景图的制作流程

全景图的制作工作是一项全局性较强的工作，牵一发而动全身，每一个环节都非常重要，都应该引起足够的重视。

通常来讲，一张全景图的制作大致可划分为以下几个流程：明确需求→提前准备→图片拍摄→拼接调整图片→后期修饰→封装发布。

明确需求：在拍摄前需要明确项目需求，如是需要柱形全景图还是球形全景图，还包括对成像质量的要求和时间成本要求，全景图制成后的播放平台等。

提前准备：根据明确的项目需求，挑选使用的设备并制作拍摄方案。

图片拍摄：全景图制作环境中最为关键的一步，拍摄整个场景。

拼接调整图片：将拍摄好的系列图片进行拼接，并进行后期处理，消除瑕疵。

封装发布：严格来讲，一张全景图的制作工作自拼接调整图片后即已完成，但若需要提供给别人互动浏览，变成真正具有交互性的全景图，则还需要将全景图封装至专用的全景图播放器，然后发布。

至此，一张可以互动浏览的全景图作品已制作完毕。

3. 全景图的拍摄

图3.79 尼康AF 16mm F2.8D 鱼眼镜头

拍摄是全景图制作流程中最为重要的一步，也是最为关键的一步。纵然现在后期的修图技术已经非常发达，但是好的成像会给后期工作节省大量的时间。

虽然严格意义上来讲，任何镜头都可以用于全景图的拍摄，但全景图的拍摄一般选用鱼眼镜头，如图3.79所示，这是因为与其他镜头相比，鱼眼镜头拥有接近甚至超过180度的视角，可以大大节省拍摄的图片数量，从而减少后期的处理及拼接工作。若对成像质量要求更高，还可以选择广角镜头。广角镜头透视变形较小，视角也不及鱼眼镜头，但其成像质量较高，可用于满足高质量的全景图拍摄需求。

图3.80 节点云台和水平调整仪

此外，全景图的拍摄对稳定性要求较高，不适合手持拍摄，一般需要选用三脚架或者全景图拍摄专用的节点云台，并配合水平调整仪，如图3.80所示，从而可以达到较好的拍摄质量。

本小节讨论的重点在于全景图与虚拟现实的结合，因此对于全景图拍摄部分，此处不过多介绍，读者可自行查阅相关资料。

4. 全景图的拼接

如果将全景图的制作比作做菜，那么全景图前期拍摄的素材则相当于食材，而一道菜好不好吃，还要看烹饪的好坏。拼接在全景图制作的环节中，其作用就相当于做菜过程中的烹饪环节。好的食材配合好的烹饪，才能做出好的饭菜，同样，好的素材配合后期优秀的拼接及调整工作，才能制作出质量上乘的全景图。

除了将拍摄的序列图片拼接为一张全景图片之外，拼接环节中的另一个重要作用是对图片素材进行后期处理，包括色彩修正，瑕疵及干扰因素消除等工作。

全景图的拼接是借助于专门的拼接软件来进行的，下面介绍几款常用的全景图拼接软件。

（1）Photo Merge

Photo Merge是PhotoShop软件在CS3版本之后内置的功能，主要就是用来处理全景图。

Photo Merge功能提供了常用拼接模板，可以快速地对前期拍摄的序列照片进行拼接处理，界面如图3.81所示。

Photo Merge提供了诸如圆柱、球面等拼接方案，还提供了简单的图片混合处理。图3.82是经过Photo Merge处理前后的图像。

Photo Merge的优点在于它是Photoshop的内置功能，与图片处理的流程结合较好，不用频繁转换软件，而且摄影师对Photoshop的使用应该说是非常熟悉的。此外，Photo Merge的使用非常简单，全自动化操作，适合快速拼接。但另一方面，Photo Merge的处理能力非常弱，仅在素材较为完美的情况下才能达到较好的效果，功能简单意味着

图3.81 Photo Merge界面

难以进行定制化处理。因此Photo Merge适用于前期素材质量较高，对专业软件使用不熟练的人使用。

（2）Panorama Tools

Panorama Tools（全景工具）是一款老牌且功能强大的开源全景图处理程序框架。由德国数学教授

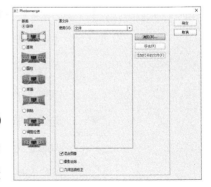

Helmut Dersch开发，其包含了一系列的图像拼接算法及功能定义，同时也有基本的基于命令行的程序实现，其不同于传统的应用程序，并没有图形界面，严格意义上来讲，应属于全景图拼接底层的技术框架，如图3.83所示。市面上流行的大部分带有GUI即图形界面的全景图拼接处理程序，其底层构建大部分都基于此框架。

Panorama Tools功能强大，而且为开源软件，任何人在遵守开源协议的情况下均可免费使用，定制性高，可根据需求进行二次开发。但是，Panorama Tools使用门槛极高，需要较深的编程知识，显然不适合普通用户使用。因此，Panorama Tools较为适合对目前的全景图拼接软件不满意，想自行开发的公司或者个人。

图3.83 Panorama Tools 所提供的程序集

（3）PT GUI

PT GUI的名称由Panorama Tools缩写PT和GUI（图形化界面）组合而成。其基于上文所述的Panorama Tools为用户提供了简单明了的用户界面，同时又涵盖了全景图拼接处理中需要的大部分功能，从而让用户可以低门槛的创造出高质量的全景图像，界面如图3.84所示。

图3.84 PT GUI界面

PT GUI功能强大，是业内主流的全景图拼接软件，在保持了高度定制化的同时，易用性也做得非常好。同时，PT GUI还提供了收费版本PT GUI PRO，功能更为强大，可同时满足普通用户及高端用户的需求。

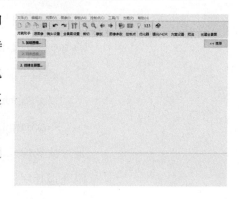

5. 全景图的封装

经过拼接及后期处理过的全景图此时依然是一张静态图片，无法进行互动浏览，为了使全景图能够具备互动特性，还需要对其进行进一步封装。

所谓全景图的封装，是将一张静态的二维全景图封装至全景图浏览器。

（1）Pano2VR

图3.85 Pano2VR界面

Pano2VR是一款老牌的全景图封装商业软件，支持将全景图封装为QuickTime、Flash及HTML5等格式在PC、互联网及移动端供用户浏览，界面如图3.85所示。

除此之外，Pano2VR还支持多种投影格式的转换，并且Pano2VR经过多年的迭代，不仅功能强大，在使用上也非常人性化。

Pano2VR入门非常简单，若无特殊要求，用户只需很少的操作，在较短的时间内即可完成一幅可供互动浏览的全景图。同时，Pano2VR还内置了常用的图片处理工具，可实现如水平矫正、移除场景多余对象等功能，非常方便。此外，Pano2VR还支持多媒体特性，用户可在全景图作品内嵌入定向声音、视频以及供交互点击的热点区域，无须使用编程语言即可进行一些编辑操作，且其操作过程是完全可视化的。Pano2VR还提供了播放器皮肤编辑器功能，允许设计师对皮肤进行自定义创作和替换，从而创造出更符合浏览内容的界面创作方案。

另外，Pano2VR对用户制作的全景场景数量也不作限制，用户可通过交互热区的形式在一个项目中自由添加多个场景并实现相互跳转功能。

Pano2VR还支持对全景图的多分辨率渐进式处理。软件可根据用户自定义的分辨率分割参数，自动将全景图分割成不同分辨率的多组图片。随着观看者由远及近，其分辨率也不断提升，最终达到原图分辨率，在处理较大的全景图时非常有帮助。

Pano2VR不仅支持的功能众多，其处理效率也非常快。在计算机硬件有保障的情况下，Pano2VR可在一小时内进行约3000余个场景的批处理，十分高效。

（2）KrPano

Krpano是一款小巧灵活的高性能商业全景图封装软件，作为全景图

图3.86 krpano提供的组件库（Windows版）

封装领域的另一杰出软件，Krpano的诞生时间虽然晚于Pano2VR，但足以称得上是后起之秀。

与Pano2VR不同，Krpano并没有提供相应的图形化交互界面，而是由一系列的自动化批处理脚本构成，如图3.86所示，这也是Krpano小巧灵活的重要原因。虽然没有相应的图形交互界面，会使Krpano的使用门槛略有提高。但其提供的系列批处理脚本及基于XML的脚本系统却为Krpano的使用提供了更多可能。

较高的渲染性能及高品质的图形质量是Krpano的两个重要优点，Krpano的技术内核非常优秀，可以在较低的性能及体积消耗下带来高清晰度的全景图作品及流畅的浏览体验，此外，其在对全景图的处理速度上也具有一定的优势，加上其小巧的体积，可以称得上是小巧高效。

除小巧高效外，Krpano另一个重要特性就是高度可定制化。Krpano提供的XML脚本系统非常灵活，与全景图封装有关的所有特性，用户均可通过XML脚本来自定义参数进行处理。Krpano提供了众多的可配置选项，用户可以有较高的自由度对大部分内容进行定制化处理，从多个细节上对作品品质进行把控。此外Krpano还提供了对外部Flash及HTML5插件的一些支持，这些插件可以帮助用户制作更高质量的全景图，也让浏览者有更好的浏览体验。

由于Krpano缺乏必要的图形交互界面，曾经许多普通全景图制作者都对其望而却步，但随着用户对全景图质量的要求越来越高，Krpano正被越来越多的人所青睐。此外，由于其基于脚本处理、小巧高效及高性能和高质量的渲染特性，Krpano经常作为后台处理软件来批量自动化处理全景图。同时也有许多公司在Krpano的基础上进行二次开发，提供了多样化的带有图形界面的全景图封装软件。

三、综合实例：交互式360度全景应用

本实例将使用一张全景图，借助Pano2VR5.0软件来实现一个可交互的360度全景应用，如图3.87所示。

图3.87 已做好的全景图

1. 导入全景图并设置默认视角

（1）新建工程，并点击"Input"选项导入全景图素材，如图3.88所示。

（2）在右侧图片区域中上下左右移动鼠标，可以看到此时已经可以使用鼠标来实现与全景图的互动浏览。

在导入全景图后，PanoVR会自动默认显示图像的中央区域，但在实际应用中，可能希望用户第一次进入时能够展示其他部分的内容。这就需要调整全景图的默认视角。

（3）单击菜单栏中的Window—Viewing Parameters命令，或直接在工具栏中单击Viewing Parameters图标，打开Viewing Parameters面板。

（4）在Viewing Parameters面板的顶部可以看到Pan、Tilt、Fov选项，三者分别控制视野的左右旋转、上下旋转、视距远近。可以更改三者的数值来调整图片的默认显示区域。在本例中，将三者数值分别设为14.00，1.30，100.00，并点击Set按钮保存设置，如图3.89所示。

至此，全景图的默认视角更改完毕。

2. 为应用添加背景音乐

在实际工程中，经常会为应用添加背景音乐。背景音乐的加入可以让使用者有更好的浏览体验，同时合适的背景音乐也能提升应用的沉浸感进而提升应用质量。在Pano2VR5中，可以很方便地为应用添加背景音乐。

（1）单击菜单栏中的Window—Properties命令，或直接在工具栏中单击Properties图标，打开Properties面板。

（2）在Properties面板中找到BackGround Music一栏。

（3）在BackGround Music栏中，找到FileName选项，并单击其后的文件夹图标，此时会弹出文件选择窗口，可以选择预先准备好的音乐文件。音乐文件格式支持.mp3及.ogg格式，此处以.mp3格式为例，如图3.90所示。

图3.88 新建工程文件
图3.89 在Pano2中设置数值

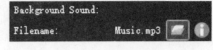

当需要对背景音乐进行更改时，可以重新导入新的背景音乐或者在导入的音乐文件名称上，单击鼠标右键，选择clear命令以取消已导入的背景音乐。

（4）导入音乐后，可以对其音量及循环方式进行设置。通过对Level数值的更改来控制音量大小，其取值范围从小到大为0~1。同时，可

以通过设置Loop数值来更改循环次数，0默认为无限循环。此处将Level值设置为1，并将Loop数值更改为0，如图3.91所示。

（5）Pano2VR默认复制音乐文件至其发布目录，如果不需要这样的话。可以勾选Externalize file复选框，并取消Copy File复选框的勾选。但这样，当移动项目文件夹时，很可能会出现找不到音乐文件的情况，因此建议保持默认。

至此，背景音乐添加完成。

3. 为应用添加额外图片

在实际工程中，一些制作出来的全景图可能会出现各种各样的瑕疵，如拍摄机位的痕迹残留、地面图片的残留等；此外，在一些情况下也需要在全景图中打上自己的LOGO或添加信息，这样做既可以保护版权，也可以起到更好的宣传或其他效果。

在Pano2VR中，可以利用其中的Path功能，来在全景图中添加上述信息。此处的实例是向全景图底部添加一张包含信息的二维码图片，用户可扫描二维码来获取相关信息。

（1）单击菜单栏中的Elements—Patches命令，或直接在工具栏中单击Patches图标。

（2）在右侧全景图显示区域需要添加二维码图片的部位，双击鼠标左键，此时场景中会出现一张带有UP字样的黑白图片，并出现了红色的Patch标志，这是Pano2VR默认的图片，如图3.92所示。

（3）单击中间红色的Patch标志，在左侧的Properties面板中找到File选项，并单击其后的文件夹图片，选择制作好的二维码图片，替换掉默认图片，如图3.93所示。

（4）接下来对图像的位置进行进一步调整，以使图像贴合在全景图

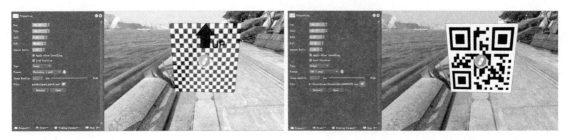

图3.92 场景中的UP标志图片
图3.93 替换后的场景

地板处。可以在Path的Properties面板中，对其位置进行调节。其中，Pan属性对应图片左右位置，Tilt对应图片上下位置，Roll控制图片旋转，Fov控制图片大小，Aspect Ratio控制宽高比。同时，还可以单击图片中红色Patch图标中的旋转箭头，并按住鼠标左键对图片进行旋转，或者单击图片中红色Patch图标，直接拖动图片改变图片位置。

（5）对二维码图片调整并修改，最终将二维码图片贴合至全景图的地板处，如图3.94所示。视角吻合，位置合适。当用户浏览到该区域时，可观察到二维码图片的存在。当用户拖动视角浏览时，二维码同样跟随视角移动，并保持同原全景图大致相同的视角畸变。

图3.94 在全景图中添加图片

至此，向全景图中添加额外图片信息结束。

4. 向应用中添加更多交互

交互，是全景图应用的一大重要特效。全景图中的交互不仅包括鼠标移动查看，还包括对全景图内容的交互，如点击某个区域跳转到该区域的全景图，或者弹出相关的介绍信息等。交互为全景图应用提供了更多可能，也提升了其应用价值，使其能够满足更多的需求。

Pan2VR中的交互功能可通过热点（Point HotSpots）或热区域（Polygon HotSpots）来实现。在实际工程中，热点一般用于对象的信息展示，热区域一般用于链接跳转，若跳转的链接仍为全景图，则也就变相实现了全景图的跳转。

此处以场景中的救生圈为例，实现为救生圈构建热区域，单击救生圈跳转到救生圈的百度百科网址。同时在救生圈旁边构建热点，单击则出现相关的信息。

图3.95 在软件中设置交互区域
图3.96 修改好的热区域

5. 为应用添加热区域交互

（1）单击菜单栏中的Elements—Polygon HotSpots命令，或直接在工具栏中单击Polygon HotSpots图标。

（2）在右侧全景图显示区域，在救生圈图像周围双击鼠标左键，场景中会出现红色锚点，继续在周围单击鼠标左键，添加锚点。直到锚点间围成的区域将救生圈图像包围，如图3.95所示。

（3）继续调整红色区域，在红色路径上单击鼠标左键可继续添加锚点，选中锚点并拖动可改变锚点位置，选中锚点并单击鼠标右键可将锚点删除，最终使其与救生圈图像大致吻合，如图3.96所示。

（4）单击热区域，在左侧Properties面板中填写热区域的相关信息。面板中的ID可采用默认ID，Title是当鼠标进入热区域时要显示的信息，可以填入"救生圈"三个字，Description选项为相关说明信息，此处可以忽略。Link Taget Type选项为目标链接类型，此处只能为URL，即超链接跳转。在Link Target URL选项中需要填写要跳转的链接，此处填入百度百科中救生圈条目介绍的链接。Target选项为链接打开方式，此处选择_blank，即在新页面中打开链接，以防止全景图应用自身的页面被覆盖。

至此，热区域的操作完成。

6. 为应用添加热点交互

（1）单击菜单栏中的Elements—Point HotSpots命令，或直接在工具栏中单击Point HotSpots图标。

（2）在右侧全景图显示区域，在救生圈图像周围双击鼠标左键，场景中会出现红色锚点，选中锚点可以对锚点进行拖动以更改其位置，如图3.97所示。

图3.97 锚点标志

（3）单击红色锚点，在左侧Properties面板中填写该热点的相

图3.98 添加交互内容

关信息。其Properties面板中的选项与热区域基本一致。不同的是，热点的Link Target Type选项，即目标链接类型有了更多选择。除URL（超链接）之外，还可以选择Image（图像）及Info（说明），此处选择Info；填写标题、说明等相关信息，如图3.98所示。

至此，热点的添加已经完成。

7. 向场景中添加区域音效

在项目中，除常用的背景音乐之外，可能还有一些其他的诸如音效、音频解说等需求，以使应用有更好的用户体验。这样的音效不属于背景音乐，而且一般只与某个图像区域或场景有关，因此不需要其一直为用户播放，而是当用户面向该区域或场景时才会播放。此时，就需要向应用中添加区域音效，其效果为当用户面向该区域时该音乐才会播放，否则不会播放。

在此处的实例中，为途中的大海区域添加海浪拍打的音效，当用户面向大海时，就会听见海浪的声音。

（1）单击菜单栏中的Elements—Sounds命令，或直接在工具栏中单击Sounds图标。

（2）在面向大海的栏杆处，双击鼠标左键，在弹出的文件选择窗口中选择制作好的音效资源，此处选择了"Sea.mp3"，导入后，场景中出现红色的声音图标；如果需要对声音进行更改，可在左侧Properties面板中Filename选项后的文件夹图标重新选择音乐文件，或在文件名上单击右键，选择Clear清除添加的声音文件，如图3.99所示。

（3）选中场景中的声音图标，对其进行拖动以调整到合适位置。同时可更改左侧Properties面板中的horizontal size选项的值来控制声音区域的水平区域大小，通过更改Vertical size选项的值来控制声音区域

图3.99 添加音频资源

的竖直区域大小，不断调整直到其处于合适位置，如图3.100所示。

（4）单击场景中的音乐图标，通过更改左侧Properties面板中的Level选项和Loop选项来更改音

图3.100 调整声音图标位置

量大小和循环方式，此处Level设置为1，即最大音量，Loop设置为0，即无限循环。

至此，区域音效设置完毕。

8. 发布设置（Flash，HTML5）

当对应用效果满意之后，还需要将应用进行发布，应用只有发布后才可让普通用户浏览或分享。

Pano2VR支持以HTML5格式及Flash格式进行发布。在实际应用中，如果项目主要以PC端为主，则Flash较为适合，如果要兼顾移动端的浏览需求，由于移动端对Flash的支持较差甚至某些平台并不支持Flash，此时则需要选用HTML5格式。此处的实例发布以HTML5格式为例。

9. 创建输出配置并设置输出文件夹

（1）单击菜单栏中的Window—Output命令，弹出Output面板。

（2）在弹出的Output面板中，单击"+"号按钮图标，并在弹出的下拉菜单中选择HTML5格式，创建输出配置，如图3.101所示。

图3.101 选择输出文件类型

（3）在Output面板中选择Output Folder选项，单击后面的文件夹图标，选择输出路径，如图3.102所示。为了更好地进行文件管理，建议输出文件夹为空文件夹。如果输出文件夹变更或错误，可重新单击文件夹图标选择路径，或者单击垃圾桶图标删除路径。

图3.102 选择输出文件路径

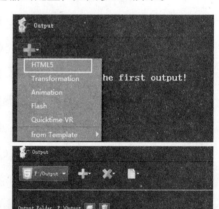

10. 为作品选择皮肤并进行自定义设置

在Pano2VR中，用户界面的相关内容被称之为皮肤（Skin），皮肤包含了各种交互按钮、信息提示、界面布局等外观显示，并提供了皮肤编辑器供用户自定义用户界面。

Pano2VR内置了包含支持Cardboard在内的多款皮肤，可以在内置皮肤的基础上进行修改以配合项目使用。

（1）在Output面板中找到Skin选项，并单击其后的倒三角符号，浏览内置的默认皮肤，此处以simplex_v5.ggsk内置皮肤为例，如图3.103所示。

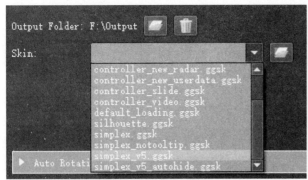

图3.103 选择皮肤类型
图3.104 调整皮肤

（2）单击Edit Skin按钮，在弹出的皮肤编辑器中，可以创建新的皮肤或者对原有的皮肤进行改造，如图3.104所示。

Pano2VR提供的皮肤编辑器功能非常强大，其采用所见即所得的编辑方式。可以利用其进行界面布局、增添按钮、嵌入图片或SWF动画，或者利用内置功能函数实现诸如加载进度等系统信息显示等功能，详细的参考说明可按快捷键F1进行查看。

11. 定制右键菜单信息

使用Pano2VR制作全景应用时，还可以利用右键菜单功能加入额外的超链接或版权信息。此处实例介绍如何向右键菜单中添加"全景图作品"字样。

（1）在Output面板中单击Control菜单，在弹出的下拉菜单中选择Content Menu选项，并在Content Menu选项中找到Menu Links一栏。

图3.105 添加链接地址

（2）在Menu Links栏中，找到表头为"Text"和"URL"的表格，并单击其左侧的加号，添加表格选项，如图3.105所示。

（3）双击表格Text列第一行，填入"全景图作品"字样，保持该行的URL列为空。

至此右键菜单添加完毕，如果想要加入超链接，则在对应的URL列中加入超链接即可。

12. 发布全景图

当发布设置配置完毕后，即可对全景图进行发布。

（1）在Output面板中，找到显示为齿轮图标的发布按钮，如图3.106所示。

（2）单击发布按钮，全景图开始发布，发布完毕后会调用系统浏览器自动打开相应页面供浏览，同时也可单击发布按钮旁边的显示为显示器的图标按钮，打开项目发布的输出文件夹并浏览。

发布后的全景图应用如图3.107所示，至此整个交互式全景应用制作完毕。可以将做好的全景应用发布到网上供用户浏览，并根据用户反馈和应用体验来持续优化此应用。

3.5 交互系统实现

虚拟现实交互系统的编程包含两大部分，其一是实现对输入动作的捕捉，如电脑键盘的某个按键被按下、鼠标被点击、体感枪扳机键被扣动、虚拟现实头盔配套手柄按键被触发等。其二则是虚拟世界中所有可交互事物在接收玩家的输入动作后，状态的变更和反馈效果的输出，例如，按下电脑"W"按键后，虚拟角色向前行走，"行走"是虚拟角色状态的变更，模型开始播放行走动画，并通过图形渲染的方式展现在屏幕上，则是反馈效果的输出。

第二部分是虚拟世界的运行系统，和输入媒介无关，在基于任何一种技术的交互系统中，都能够以相同的思路进行编程。而第一部分则完全和硬件技术相关，在确定游戏设备后，首先需要学习的是对该设备输入动作的捕捉方式。

虚拟世界的运行系统中，很重要的一部分是场景漫游，例如，通过"WASD"控制角色水平移动，使用空格键操控角色跳跃，由于这种漫游方式十分常见，大部分三维游戏引擎都已然包含了角色控制器，开发者无须编写程序，直接调用便能实现场景漫游。在Unity中，角色控制器包括第一人称角色控制器（First Person Controller）和第三人称角色控制器（Third Person Controller），在"Assets"文件夹下的"Character Controller"中，可以找到这两种预制件，将其拖拽放入自己建立的场

图3.108 Unity中的项目运行界面

景当中，运行程序，开发者即可通过键盘和鼠标来控制虚拟角色行走，如图3.108所示。

　　虚拟现实交互系统中，体验者一般以第一人称视角漫游场景，开发者可以调用引擎的第一人称控制器，不过角色控制器的默认控制方式为电脑键盘按键操控，而体验虚拟现实项目时，还可以使用包括头盔配套手持设备、主机手柄、全向跑步机等进行场景漫游，如图3.109和图3.110所示。如需使用除电脑键盘外的其他硬件，开发者则需将引擎连接这些外设，并通过脚本编程来实现输入动作捕捉（当前主流解决方案是安装相应外设的引擎插件）。

图3.109 虚拟现实头盔与传统手柄配合使用

图3.110 VR跑步机游戏输入设备Omni

　　此外，部分虚拟现实设备，如HTC Vive，则可以直接通过位置感应来同步体验者的真实漫游至虚拟世界，体验者只有在真实环境中行走才可控制虚拟角色漫游于虚拟场景，如图3.111所示。使用这种虚拟现实设备在实现场景漫游上无须调用引擎的角色控

图3.111 HTC Vive直接通过位置感应将虚拟摄像机和真实玩家位置进行同步

图3.112 使用C#语言编写对象
从一个点移向另一个点的程序

制器，也无须开发者进行额外编程，将设备关联进引擎即可。

除场景漫游外，角色与其他对象的交互则是虚拟世界中另一个需要大量编程的板块。使用引擎进行开发时，一般通过脚本系统对单个虚拟对象进行编程。例如，在Unity中，欲实现一个立方体从一点移向另一点的程序，开发者可以编写如图3.112所示的脚本，并将其附加给在场景中新建立的立方体对象，运行程序后，立方体将因代码中Start函数，在程序执行最初计算移动速度；并由Update函数中的第二行对transform.position，即立方体位置的不断赋新值来实现立方体移动的效果。

脚本不仅包含着虚拟对象和虚拟角色的互动程序，还包含了对体验者在输入媒介上做出动作的捕捉。引擎通常具备对一些特定操作的捕捉功能，例如，在Unity的脚本中调用Input类，可以便捷地捕捉玩家是否按下了电脑键盘或单击了鼠标。以下脚本可以捕捉玩家按下的任意一个电脑键盘，在OnGUI函数中，可以看到对Input类的调用。

```
using UnityEngine;
using System.Collections;
public class GetCurrentKey : MonoBehaviour
{
    private KeyCode currentKey;
    void Start()
    {
        currentKey = KeyCode.Space;
    }
    void OnGUI()
    {
        if (Input.anyKeyDown)
        {
            Event e = Event.current;
            if(e.isKey)
```

```
                                {
                                    currentKey = e.KeyCode;
                                    Debug.Log（"Current Key is : "+
                                    currentKey.ToString（));
                                }
                            }
                        }
                    }
```

不过，虽然引擎支持电脑键盘和鼠标的操作，但在大多数情况下，体验虚拟现实项目时，使用的输入设备并非键盘、鼠标，而是头戴式显式设备配套手柄、Xbox或PlayStation主机手柄、体感枪（射击游戏配套外设）、方向盘（竞速游戏配套外设）等，针对这些情况，引擎通常已然支持了某些设备，如Unity支持Xbox主机配套手柄，通过"Edit->Project Settings->Input"命令，开发者可以将操作方式设置为手柄按键或摇杆。例如，图3.113的设置即为将虚拟角色的横向移动设置为手柄摇杆（图3.113中"Type"的"Joystick Axis"和"Axis"的"X axis"）。

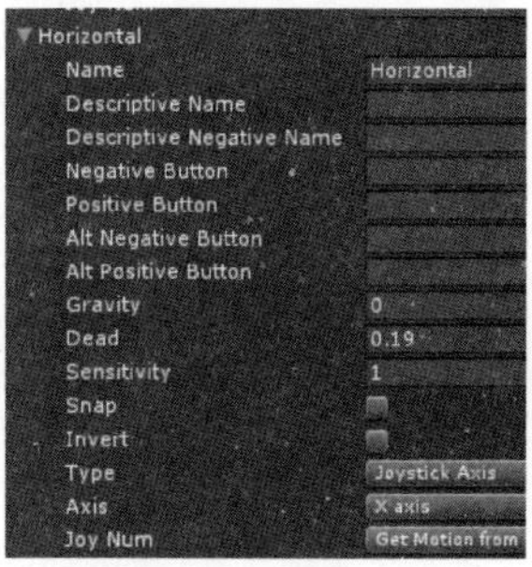

图3.113 Unity中设置输入按键

针对引擎不直接支持的设备，如头戴式显式设备配套手柄、体感枪、方向盘等，也可从引擎官方商店中购买支持该设备的插件，如Unity Asset Store上的虚拟现实控制器插件，如图3.114所示，将插件中的预制件拖拽入开发者自行建立的场景，或者将插件提供的脚本附加给建立的对象上，开发者将能够调用插件脚本中的类来完成输入动作的捕捉。

图3.114 Unity商店中的VR输入设备开发插件

3.6　软件测试与发布

VR应用开发的最后一个阶段是测试与发布。软件设计完成后需要经过严密的测试阶段，以发现软件在整个设计过程中存在的问题并加以纠正。本节主要介绍VR应用程序作为软件开发的一种在完成时如何进行软件测试，主要从测试过程和测试方法两个方面介绍。对于软件测试，在游戏公司中会有一个专门的部门被称之为"QA（Quality Assurance）"，负责反复测试软件性能及相关交互的实现效果。

软件测试的过程分单元测试、组装测试以及系统测试三个阶段进行。

单元测试（Unit testing）阶段，是指对软件中的最小可测试单元进行检查和验证。总的来说，单元就是人为规定的最小的被测功能模块，是软件开发过程中要进行的最低级别的测试活动。而对于单元测试中的单元，要根据实际情况去判定其具体含义，在图形化的软件中指一个窗口或一个交互行为的实现。在VR软件应用中，需要测试的便是"3.1.3"节中，策划文档中的"体验过程"部分，需要对每一个进程、行为触发、关卡摆放、交互实现等进行验证，来确定实现效果。

组装测试，也可称之为集成测试或联合测试，是单元测试的逻辑扩展。其最简单的形式是：两个已经测试过的单元组合成一个组件，测试它们之间的接口是否正常工作。在确定前面单个的体验单元功能全部实现之后，就需要测试各个单元之间组装完成后能否实现上层的功能，确定各单元之间的接口是否正常。以游戏设计为例，比如已经测试了游戏中的坐骑可以正常行动，以及坐骑装备菜单中的道具能够正常拖拽和装备，那这两个单元之间的连接是否能实现就需要在这个阶段进行测试，如图3.115所示为一套经过测试的坐骑系统。

系统测试，System Testing。即对整个软件进行整体性测试，将硬件、软件、操作人员看作一个整体，检验它是否有不符合设计策划书中的设定。这种测试可以发现系统分析和设计中的错误。常见的有安全测试，

图3.115《龙吟三国》中的坐骑系统

图3.116 移动游戏《火线三国》内测广告

是测试安全措施是否完善，能不能保证系统不受非法侵入；压力测试是测试系统在正常数据量以及超负荷量，如多个用户同时存取等情况下是否还能正常地工作。

针对VR应用设计的特点，结合数字游戏的测试方法，上面的测试过程均属于技术内测的过程，即程序人员检测软件功能及实现情况，也称之为α测试；在技术测试完成之后会进行内测，也称之为β测试，即在正式上线前招募众多体验者进行测试来检验设计效果，如图3.116所示为一则内测广告。

在软件测试中主要的测试方法有白盒测试和黑盒测试两种。

白盒测试又称结构测试、透明盒测试。白盒指的是盒子是可视的，你清楚盒子内部的东西以及里面是如何运作的，可以全面了解程序内部逻辑结构、对所有逻辑路径进行测试。在使用这一方案时，测试者必须检查程序的内部结构，从检查程序的逻辑着手，得出测试数据；黑盒测试也称"功能测试"，是指把程序看作一个不能打开的"黑盒子"，在完全不考虑程序内部结构和内部特性的情况下，进行测试，检测每个功能是否都能正常使用。黑盒测试着眼于程序外部结构，不考虑其内部逻辑结构，主要针对软件界面和软件功能进行测试。

在最后的软件测试过程中需要建立详细的测试计划并严格按照测试计划进行测试，以减少测试的随意性。VR应用的测试还需要根据其本身设计的特点制定测试方案，如眩晕测试、帧频率测试、定位测试等。

本篇包括5章内容，主要通过真实案例介绍虚拟现实应用设计中的过程及方法，用以说明上篇的原理。案例是基于Unity5.4引擎，运行于HTC Vive设备的儿童安全类项目。

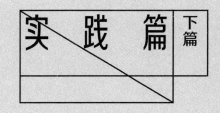

第四章 需求分析与设备选择

本章主要针对项目进行需求分析，并根据分析结果，选择合适的VR设备，为正式开发做好准备。

4.1 校车火场逃生项目需求

项目的开发应基于现实需求，只有满足了人们的需求，项目才能够发挥其市场价值。在开发"校车火场逃生"之前，开发者意识到校车失火事件作为媒体时常报道的话题，不仅需要提高家长和学校及社会相关部门的高度重视，还需要潜在的当事人——乘坐校车的小学生们的注意，不论社会是否将校车失火的可能性降至最低，这些可能乘坐校车的学生们都应学习如何在失火的环境中成功逃生。

图4.1 组织学生进行校车安全消防演练活动一

在初步形成项目概念之时，为最大化作品的市场竞争力，开发者们进行了大量的相关作品调研。在针对小学生的校车失火逃生教育方面，部分学校采取逃生演练活动，例如，日照市山海天消防大队在2016年3月下旬联合山海天旅游度假区教育局、山海天交警大队、两城中心卫生院等相关部门以及百余名学生，开展以"校车遇险如何自救逃生"为主题的校车消防安全逃生演练活动，如图4.1和图4.2所示。

辽阳市首山农场学校也于不久前在太子河交警大队干警的指导下，举行校车逃生演练，交警在校车上为学生们讲解危险出现时应如何逃生，如图4.3和图4.4所示。

图4.2 组织学生进行校车安全消防演练活动二

除实地演习外，有的小学生会选择通过安全体验课进行模拟校车失火时的体验，这些活动通常在体验馆中进行。例如，在2016年底，

广东省中山市十三所小学的五百名学生在体验馆接受了包括模拟灭火、紧急救护、校车安全疏散、安全带碰撞等九个主题的安全教育。体验者在模拟座椅上体验系上安全带，切身感受安全带的重要性；在"失火环境逃生"主题课上，学生们在模拟的浓烟中尝试弯腰、捂鼻安全逃离。

通过网站或书籍进行安全知识相关的学习，以及通过学校组织的实地演习、通过安全教育体验馆的体验区进行体验均为良好的逃生知识学习方式，不过我们还能够创造和这些方式有所不同的安全教育形式——采用虚拟现实技术进行教育。营造一个真实的体验环境，人们往往需要在体验馆中建造高度拟真的环境，并且使用带有气味但安全的烟雾以模拟失火时燃气的黑烟，使用影像或飘动的绸缎模拟燃烧的火焰，这些体验能够大幅激发小学生的体验兴趣，然而对于体验馆的建造和维护而言却十分烦琐且成本昂贵。实地演习虽然是一种严谨的教育方式，然而需要消防人员和学校进行配合，小学生们难以频繁深入地体验逃生演习活动。而虚拟现实技术由于具备营造高度沉浸的氛围，能够较为便捷地解决上述问题。

4.2 基于需求的VR设备选择

已有的虚拟现实产品的运行形式总体包含三个类别。

其一是在手机上运行程序，并通过虚拟现实头盔进行显示，如Google Cardboard、Samsung Gear VR等，如图4.5所示。该类别体验的优势在于便捷且廉价，体验者几乎能够在任何一个希望进行体验的场所进行虚拟现实体验，而他们只需随身携带一个小型的头盔和一部手机；然而由于智能手机的主要交互在于和触摸屏的互动，一旦将手机置入头盔当中，体验者将只能够通过声音或陀螺仪感应进行交互，绝大多

图4.5 Google Cardboard（上）
和Samsung Gear VR（下）

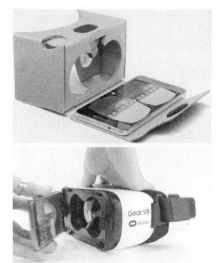

数的手机平台VR游戏仅提供观看功能，或允许用户在长时间观察一处时进行交互（比如射击）。这些缺陷对于某些简单应用或游戏而言不具备较大影响，然而对于校车火场逃生而言，却有着较为严重的影响，在校车火场逃生当中，体验者应该学习如何击碎玻璃、如何使用灭火器灭火等，这些动作需要复杂的交互系统，通过声音控制或陀螺仪控制是无法成功且高效地学习逃生技能的。

其二是虚拟现实一体机。相较于上述的在手机端运行的产品，一体机所允许的交互动作则更为多样，一体机通常包含头盔和手持控制器，因此体验者能够完成复杂的操作，也因此，运行于一体机上的虚拟现实产品也更为丰富，如图4.6所示。一体机的硬件便携性和允许操作的复杂度均存在较大的优势，不过由于一体机需要集运算与显示于一身，因此体验效果较好的一体机通常价格十分昂贵。

其三便是运行在电脑主机上但显示于头盔上的虚拟现实产品，例如HTC Vive、Oculus Rift等，如图4.7所示。这些硬件设备的头盔只是一个显示器，和一体机不同，它们不具备中央处理器，而只是将通过电脑主机运算得出的结果显示至头戴式显示器上。和一体机相似，硬件设备也通常具备着特定的手持控制器，允许体验者进行大量复杂的交互动作，因此该平台上的虚拟现实产品数量亦是十分庞大的。但此类产品对电脑主机的性能具备较高的要求。

在为"校车火场逃生"项目选择硬件设备之时，开发团队首先排除第一个选项。一体机和运行于电脑主机的形式为开发团队而言均能够接

图4.6 嗨镜（左）和巨蟹T1（右）

图4.7 Oculus Rift（上）和HTC Vive（下）

收，不过在仔细研究了目前市场上已有的众多设备之后，发现一体机在空间定位上尚不成熟，一体机和运行于手机平台的虚拟现实产品相似，均通过陀螺仪识别体验者观看的方位，然而却不能够准确流畅地捕捉体验者于真实空间的位置。这一点对于Oculus Rift而言亦是相同的，在使用Oculus Rift进行体验之时，体验者通常需要通过手持控制器的按钮进行虚拟场景漫游，而无法真正地通过在真实场景的漫游来控制虚拟角色的行走，虽然这一点对于普通数字游戏而言是十分平常之事，然而在头戴式虚拟显示器营造了高度生理沉浸的环境时，通过手持控制器进行场景漫游却极易导致眩晕，这一点将在第七章进行详述。因此，项目组最终将硬件设备确定为HTC Vive，虽然该设备需要依赖一台性能较高的电脑主机，并且在真实场景中需要安装空间定位系统，用户在体验过程中需要全程将头戴式显示器连接电脑主机，冗长而沉重的数据线常常降低体验者的综合体验，然而其手持控制器所允许的交互形式和数量、头戴式显示器高精度的视觉显示以及精确的空间定位均能够满足"校车火场逃生"的需求。

第五章 软件开发环境搭建

5

本章主要介绍如何在 PC 电脑上搭建 HTC Vive 开发所需要的环境以及 Unity 引擎中相关 SDK 的安装。

5.1 HTC Vive运行环境搭建

图5.1 Steam客户端

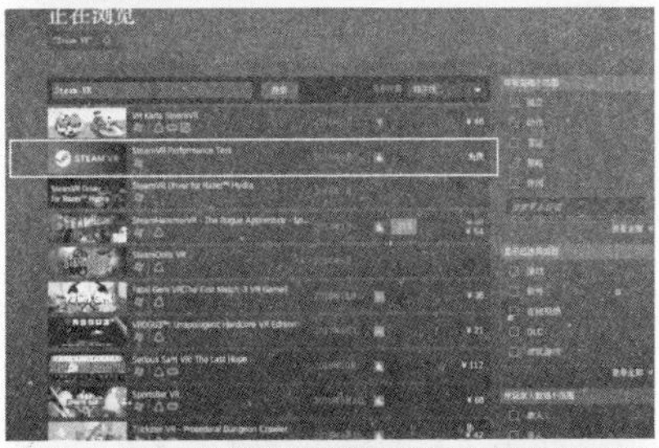

为确保计算机平台能够支持 HTC Vive设备，首先需要安装 Steam VR，这个插件是由HTC Vive的开发公司——HTC和Valve联合研发的。Steam VR并非一个独立的软件，首先必须安装Steam。

图5.2 搜索Steam VR

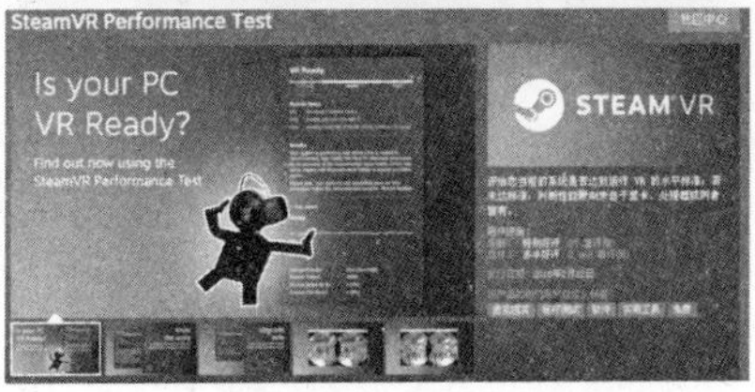

如图5.1所示，在Steam主页右上方单击"安装Steam"进入下载页，安装包下载完成后，即可执行安装程序完成Steam的安装。

运行Steam后，在"搜索商店"中输入"Steam VR"，并在列表中选择"Steam VR Performance"，如图5.2所示。

图5.3 安装Steam VR

安装 Steam VR，如图5.3所示。

Steam VR安装完毕后，电脑已经支持所有HTC Vive上的游戏，接下来，开发者需要设置真实的体验环境。

HTC Vive包含三部分设备，分别是头戴式显示器、两个手持控制器和两个Lighthouse基站，如图5.4所示。

首先，需要将Lighthouse基站分别放置于体验区域俯视视角的对角线上的两个顶端，并保证高度不低于2米。开发者可以选择专用三脚架，也可以将其放置于较高的家具顶端，如图5.5所示。

微视频：
5.1 HTC Vive运行环境搭建

为空间定位器插上电源线，正常供电情况下，两个定位器均将发射红外光，并分别显示"b"和"c"，代表两个互不相同的频段，如图5.6所示。

其次，需要将头戴式显示器连接电脑。开发者只需将HDMI连接盒连接电脑和头戴式显示器即可，如图5.7所示。

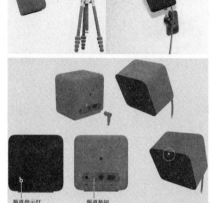

最后，运行SteamVR的"房间设置"来设置体验环境。当头戴式显示器正确连接电脑并供电良好，保持Lighthouse基站的运行状态，并按下手持控制器的系统键后，电脑屏幕将显示设备就绪对话框，如图5.8所示。

单击"SteamVR beta"下拉按钮，将能够在菜单栏中寻找到"运行房间设置"，或英文版的"Run Room Setup"，单击该选项，进入真实场景设置流程。

有两个选项，其一是设置一个仅允许站立的真实空间（即真实空间范围较小，不允许在真实空间当中进行漫游），其二则是设置一个活动空间，如图5.9所示。

在此首先介绍设置"仅站立"或"STANDING ONLY"，即不允许漫游的真实空间的过程。

单击"STANDING ONLY"按钮后，进入校准空间中心位置的设置界面，如图5.10所示。

此时需要将头戴式显示器放置于体验空间的中心位置，并在"CALIBRATE CENTER"进度条显示完成时单击"NEXT"或"下一

图5.9 选择活动空间类型

步"按钮，进入地面位置设置，如图5.11所示。

此时需要将两个手持控制器同时放置于地面上，并于空间定位系统能够捕捉的位置上，用以程序设置真实体验空间的最低位置。在"CALIBRATE FLOOR"进度条显示进度完成时，单击"NEXT"或"下一步"按钮，至此，即完成了所有设置，如图5.12所示。

图5.10 选择活动空间类型

由于仅设置一个容许站立但不能够漫游的狭小空间，因此该设置过程十分简单。下面将介绍设置允许漫游的较大空间的过程。首先在设置过程的第一个界面中选择"房间规模"或"ROOM-SCALE"，如图5.13所示。

图5.11 设置地面位置

接着，设置程序将通过文字和动画的形式提示安装者为房间腾出空间，如果房间已然清理完毕，即可直接单击"下一步"或"NEXT"按钮，如图5.14所示。

图5.12 完成初步设置

随后，则需要将头戴式显示器和两个手持控制器均置于Lighthouse能够检测的空间当中，完成程序对三个设备的捕捉，如图5.15所示。

图5.13 设置空间规模

单击"下一步"或"NEXT"按钮后，将进入空间中心定位以及体验游戏时体验者正方向的定位。需要将头戴式显示器至于空间中央位置，并将任意一个手持控制器朝

图5.14 清理空间

图5.15 建立定位

图5.16 定位显示器

向电脑显示器，并持续扣住扳机，直至捕捉进度条显示为完成状态，如图5.16所示。

图5.17 校准地面

之后，便需要进入地面位置捕捉，如图5.17所示。

校准完毕后，进入空间水平位置设置阶段，即需要扣住任意一个手持控制器的扳机，如图5.18所示，并沿着真实体验空间

图5.18 测量空间一

的边缘"画"出一个区域，电脑显示器上将实时显示这个区域，如图5.19所示，划定区域完毕后，房间设置程序将根据Lighthouse捕捉的边缘裁切部分区域，并显示最终的真实体验空间区域，如

图5.19 测量空间二

图5.20所示。这个部分设置完毕后，未来在体验基于HTC Vive的产品时，一旦体验者在真实场景中超越此时设定的区域，在头戴式显示器上将显示蓝色网格，提

图5.20 测量空间三

示体验者不能够再向前漫游，否则Lighthouse将不能够流畅地捕捉体验者的位置。

图5.21 设置完成

设置完真实体验空间后，所有的设置过程也进入尾声，如图5.21所示。

结束房间设置之后，将进入教程学习环节，在这里，将首次体验一个基于HTC Vive的交互系统。首先，教程界面将提示体验者检测

图5.22 测试耳机

头戴式显示器上的耳机是否正常输出声音，如图5.22所示。

图5.23 佩戴头戴式显示器体验引导

接着，界面将提示体验者戴上头戴式显示器和耳机，如图5.23所示。

最后，将进入教程中的默认场景，虚拟机器人将引导体验者对手持控制器的操作进行熟悉，并完成一系列具备一定可玩性的操作，如图5.24所示。

图5.24 进入VR空间

在上述步骤全部完成之后，体验者将能够在Steam平台上下载并安装自己感兴趣的游戏，并进行体验，如图5.25所示。

图5.25 佩戴VR眼镜现场体验

5.2 搭建Unity开发环境

微视频：
5.2 搭建Unity开发环境

图5.26 Unity官网

如图5.26所示在Unity官网单击左上角的"Unity"按钮，并选择"个人免费版"，如图5.27所示，即可下载Unity3D引擎的下载助手，随后运行该下载助手，它将自动安装Unity最高版本以及与之配套的编程软件Visual Studio。

图5.27 下载Unity安装包

5.3 某些设备引擎插件安装

微视频:
5.3 某些设备引擎插件安装

Unity并不直接支持HTC Vive，需要安装相应的插件才能够将引擎和设备相关联，开发基于不同设备的虚拟现实项目，则需要下载不同的插件，在"校车火场逃生"项目中，需要下载HTC Vive支撑插件。开发者可以在Unity官方网站的"Asset Store"中搜索"SteamVR Plugin"，如图5.28所示。

并在Unity的新建工程中通过"Assets"->"Import Package"->"Custom Package…"命令将插件导入工程，如图5.29所示。

图5.28 Steam VR

该插件被导入工程中，开发者将能够在"Assets"下找到"SteamVR"文件夹，其中"Scenes"里的"example.unity"和"Extras"中的"SteamVR_TestIK.unity"和"SteamVR_TestThrow.unity"是示例程序，每个都包含了开发HTC Vive游戏所必需的元素。打开"SteamVR_TestThrow.unity"，如果运行正常，将可通过手持设

图5.29 导入Unity外部文件

备的扳机控件在虚拟世界中生成和抛开小球，如图5.30所示。

在开发平台搭建时，先将场景当中与虚拟现实设备相关的预制件"[CameraRig]"拖拽进自己的场景中，如图5.31所示。

图5.30 在官方文件的场景中进行测试

拖拽完毕后，运行程序，即可通过头戴式显示器观察虚拟场景中的两个手持控制器，如图5.32所示。随后，即可根据项目需求，编写基于HTC Vive手持控制器的交互程序。

图5.31 CameraRig

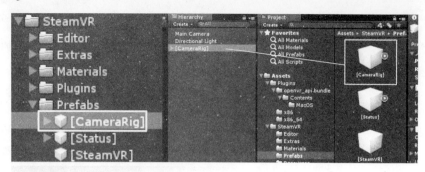

图5.32 VR头盔中看到的场景

第六章 素材准备与场景搭建

6.1 项目规划美术需求

"校车火场逃生"项目的体验对象是8～14岁的小学生，因此美术风格选用了接受度较高的卡通风格，整体场景较亮，颜色的饱和度较高。另外选用卡通风格可以很大程度上降低制作成本和制作工期。总体来说，在搭建场景方面，VR项目与传统3D游戏相比，差别并不明显，需要注意的就是需要事先考量VR设备的性能，在保证运行流畅的前提下进行模型减面。

再者，需要根据游戏类型和体验模式设计场景，大部分VR设备为保障体验者的安全，所能行动的区域是有限的，或者直接不允许玩家移动，因此，这就需要美术在设计场景时以玩家体验区域为核心进行整体场景的搭建，保证玩家视角能够达到最好的视觉效果。

VR体验项目的场景搭建流程分为美术需求规划、模型制作与模型优化、模型输出、导入引擎、配合程序进行优化调试五个阶段。

在开发团队中，基本分为美术、程序、策划三个组成部分，"校车火场逃生"虚拟现实体验系统开发团队中的美术人员包括场景美术、人物美术和UI三名人员。场景搭建由场景美术负责，主要完成由策划提出的美术需求，包括场景模型道具的制作；人物美术负责制作乘坐校车的小学生和司机师傅等3D模型及动画的制作；UI的主要任务是完成项目中2D美术资源的制作。

在工作流程上，首先，游戏策划会将美术需求提给场景美术人员，需求包括了美术风格、参考图片、场景大小、场景元素组成、场景模块规划并说明在场景中实现的主要功能，以供美术人员制作。

场景美术在接到策划的美术需求后，先进行整体规划，利用已有的模型摆放一个大致的场景或者通过手绘将美术需求文档用美术场景沙盘图即场景概念画的方式表现出来，如果策划认为没有问题就可以进行模型制作了。

6.2 模型制作

在制作模型前，首先要进行开发工具的确定，一个团队最好使用相同的开发工具，如Maya2013与Maya2015在交错使用后制作的模型在Unity中就会出现贴图、法线等的错误，因此，避免后期频繁报错影响开发进度，就需要提前确定开发工具，在此项目中选择了Maya2015进行模型的制作。

其次要根据场景拆分出具体元素，然后进行模型的制作。在开发此项目时，场景主要包括了底盘、建筑物、交通工具、核心体验场所（校车）、装饰性道具，整体外部场景如图6.1所示。在制作模型时，选用的是Maya2015建模软件，Polygon建模方法，材质选用了Phong和Bline两种材质球，并配合颜色和贴图。由于外部城市场景只作为背景使用，所以模型面片数会尽可能降低，贴图只制作颜色贴图，或者直接通过材质球调整颜色，由于玩家无法近距离观察外部场景模型，所以法线贴图效果很难体现出来。不必要的渲染反而会占用机器的内存，影响运行的流畅度。

场景底盘也就是地面，一般来说游戏场景通常都会做成封闭式的，本项目的主要体验区域在校车内部，外部场景只作为环境背景使用，为了方便把控，并配合策划需求，将其制作成为方形地图并通过道路切分成四个大的区域，周边用墙壁围封起来，主要是为了缩小并遮挡玩家的视野，减少工作量，不让场景边缘与天空盒的衔接影响到玩家的沉浸感和真实感的体验。

底盘制作时仅需要制作1/4的模型即可，其他部分可以通过复制、旋转得到，将其拼接即可，当然也可以直接制作全部的模型，如图6.2所示。在制作完模型之后，绘制其贴图，如图6.3所示。

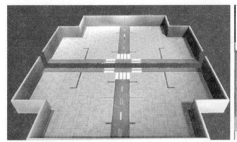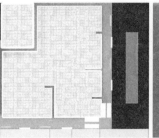

图6.2 场景底盘路面（AR图片）
图6.3 底盘贴图绘制
图6.4 校车模型的制作（AR图片）

建筑物是此项目场景中的主要构成元素。单个建筑物的基本制作原理是一致的，通过多边形建模（Polygon）即可实现。

核心体验场所（校车）的制作。 校车是场景的核心区域，需要精细化制作，但为了保证能够流畅运行，仍需要严格控制面数。除了制作校车的外壳，还需要将其内部构造如

图6.5 校车内部模型

座椅、车内灯、方向盘等制作出来，如图6.4和图6.5所示。

装饰性道具的制作。 在场景元素基本完成制作之后，为了使场景更加充实，还需要制作一些小道具对场景进行点缀和美化。项目中的场景是一个卡通街道场景，所以需要制作路灯、垃圾桶、排椅、红绿灯等这些场景装饰物，如图6.6所示。

图6.6 装饰性道具

6.3　素材导入与场景搭建

图6.7 新建文件夹

在美术人员制作模型和编程人员编写脚本之后，最终需要把美术资源导入Unity场景，为相应对象附加脚本。开发者一共需要制作四个场景，分别是初始剧情播放场景、校车行驶场景、主场景和结尾剧情播放场景，先在"Assets"文件夹中新建一个文件夹，命名为"Scenes"，如图6.7所示。

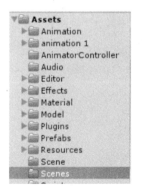

微视频：
6.3　素材导入与场景搭建

并通过工具栏的"Assets->Create->Scene"命令依次创建四个新场景，将其分别命名为"GameStartScene"、"BusMove"、"MainScene"和"GameSuccessScene"，如图6.8所示。

下面对这四个场景分别进行制作。

6.3.1 主场景

微视频：
6.3.1 主场景

Unity的任何一个新建的场景均包含一个摄像机（Main Camera）和一个直射光（Directional Light），同时还包含显示出"蓝天白云"效果的天空盒子。此时先将美术人员制作的城市环境模型导入场景，使其呈现如图6.9所示效果。

接着将校车模型置入场景，调整其位置、大小和朝向，使其最终处于场景中的一条主干道上，如图6.10所示。

图6.8 创建新场景

接着，便需要将[CameraRig]置入校车内。策划方案是体验者在虚拟场景中坐在校车靠近车门一面的第二排，因此便将[CameraRig]对象的水平位置置于校车第二排靠近走廊的位置，而其高度位置则是对象最低端贴近校车地面，如图6.11所示。

图6.9 主场景搭建效果

此时若运行项目，体验者将能够在虚拟的校车环境中漫游。接着，需要在车内的某些位置添加火焰。火焰可由Unity包含的粒子系统进行构建，在工具栏中，单击"Game Object"按钮，并在菜单栏中选择"Particle System"，如此，便可新建一个默认状态的粒子系统。随后，需要根据自己理想当中的状态，设置粒子生存的时间、运动的方向和速度、每个粒子的材质等。同时，在Photoshop中制

图6.10 主场景

图6.11 主场景摄影机设置

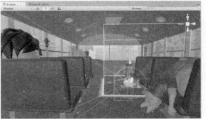

图6.12 火焰效果

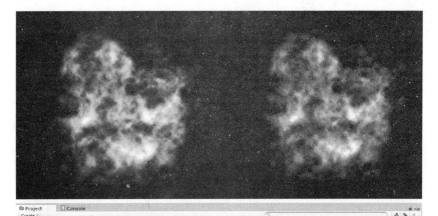

图6.13 火焰特效文件

图6.14 特效材质球

作一个火焰图片，并且除火焰材质外，修改图片的某些属性，使其呈现灰暗的颜色生成另一个图片，用以之后制作的黑烟粒子效果，如图6.12所示。

在"Assets"文件夹下的"Effects->Texture"中，新建一个文件夹为"Dust"，用以保存所有和火焰燃烧相关的文件。将火焰图片和黑烟粒子图片保存为.png格式，并导入"Dust"文件夹中，如图6.13所示。

在"_MaterialsTool"文件夹中，单击"Create"按钮或在空白位置单击鼠标右键新建两个"Material"对象，并分别将"dust11"和

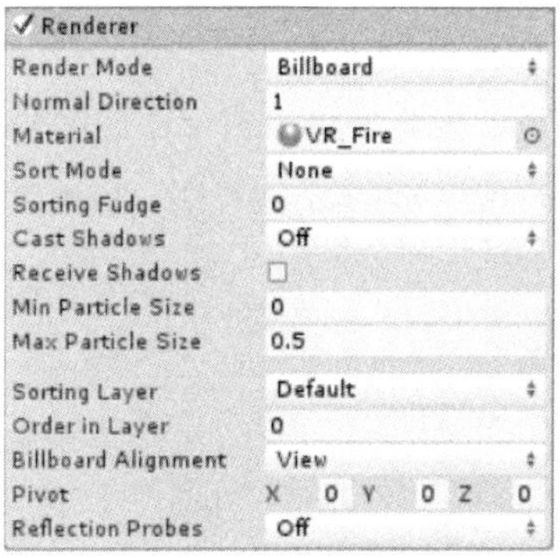

图6.15 设置粒子变量

"fire10"赋值给这两个材质球，使其呈现如图6.14所示效果。

由此，针对火焰的粒子系统，则可将"VR_Fire"赋值给粒子材质变量，如图6.15所示。

此时粒子系统呈现的火焰十分稀疏，需要将粒子数目扩大，将其几项

图6.16 粒子参数设置

重要数值设定为如图6.16所示。

如此即可观看到一个熊熊燃烧的火苗的效果，如图6.17所示。

为使得火焰燃烧效果更为逼真，再添加一个呈现黑烟效果的粒子系统，并将其设置为火焰粒子系统的子对象。将"dust11"材质赋值给黑烟粒子系统的相应变量，如图6.18所示。

同时为使得黑烟更为稠密，调整其他数值，如图6.19所示。

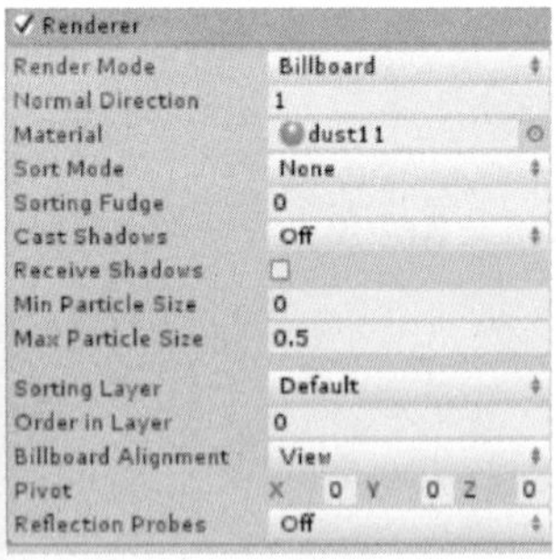

图6.17 火焰粒子效果
图6.18 增加变量

图6.19 调整参数

为保证黑烟粒子系统和火焰粒子系统处于同一位置，并且方便场景设计者移动火苗粒子系统，将黑烟粒子系统作为火焰粒子系统的子对象，如图6.20所示。

在添加黑烟效果后，火焰燃烧时的整体效果如图6.21所示。

不过此时火焰的效果并未影响至周围场景，即火焰燃烧时发出的光理应能够照亮周围环境，然而此时校车内部依旧呈现出正常自然光照射的情景，因此需要新建一个GameObject类型的对象，将其赋值为"Fire"，并将火焰粒子系统作为该对象的子对象，在Fire对象上，添加一个点光源，并将光的颜色设置为橙红色，如图6.22所示。

图6.20 火焰特效对象

如此，即可观察到一个熊熊燃烧并"耀眼"的火焰效果，如图6.23所示，仔细观察即可发现火焰对校车座椅和司机后座壁的影响，相较于未添加点光源的效果，这种火焰更加贴近真实场景。

为使得火焰能够完成被灭火器扑灭的交互，需要为其添加"Box

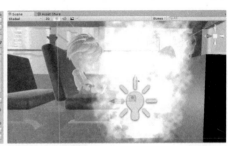

图6.21 火焰效果
图6.22 光源设置
图6.23 光源对象在场景中

"Collider"控件和"BusFire.cs"脚本，如图6.24所示。

接着，赋值该火焰对象，如图6.25所示，并将其分别放置于校车的不同位置，如图6.26所示。

然后，还需要添加灭火器和安全锤。

导入灭火器的模型，调整其大小和朝向，并放置于校车模型中司机座位后方，如图6.27所示。

图6.24 添加脚本

为完成对灭火器的拾取、放置等操作，需要新建一个GameObject类型的对象，将其命名为"FireExtinguisher"，并将灭火器模型设置为它的子对象，如图6.28所示。

图6.25 火焰对象

为该对象添加"Box Collider"、"Rigid Body"和"ActionManager.cs"脚本，并且在脚本中，将"My Specie"设定为"EXTINGUISHER"，如图6.29所示。

此时，灭火器对象已经能够被拾取和放下，并且在被拾取后，能够将自己的类

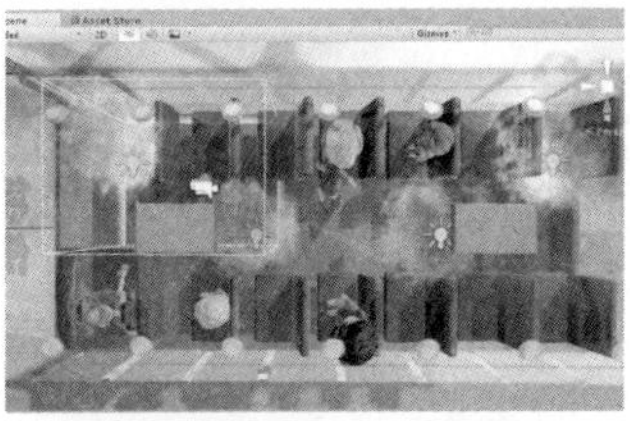

图6.26 顶视图中火焰位置的摆放

别传递给手持控制器，使得手持控制器能够变更为持灭火器的状态。不过为了提示体验者拾取灭火器，还需要制作一个视觉提示效果。最终制作的效果如图6.30所示，即模型表面渐隐渐现的蓝色效果。

图6.27 灭火器摆放位置

制作该效果依旧可以通过粒子系统进行实现。在Photoshop中制作一张方形蓝色图片，并保存为.jpg格式导入工程，并以此建立一个材质，将材质命名为

图6.28 灭火器对象

"Hint_FireExtinguisher"。新建一个粒子系统对象，将该粒子系统作为灭火器模型的子对象，并将其中Renderer部分设置为如图6.31所示状态。

在其中的"Mesh"部分，选择为灭火器主体部分的模型，若选择其他部分的模型，那么该粒子系统也将显示出包围住其他模型的二维图片效果。该粒子系统的其他属性分别如图6.32所示。

安全锤和灭火器对象较为相似，首先将模型导入场景，并放置于两扇车窗之间，如图6.33所示。

随后，与灭火器对象的制作过程相同，只是在其"ActionManager.cs"脚本处，需要将"MySpecie"变量设置为"FIREHAMMER"，如图6.34所示。

安全锤在进行视觉提示时的效果如图6.35所示。

然后，将制作车门对象。需要呈现的效果是，当体验者使用手持控制器"推动"车门时，它呈现半开效果；将手持控制器收回时，车门重新关闭。在整个校车模型当中，寻找到代表车门的模型"Door01"和"Door02"，它们分别是折叠开关校车的左门和右门，如图6.36所示。

此时的车门是完全关闭状态，新建一个GameObject，并命名为"shutdown"，将Door01和Door02作为shutdown对象的子对象。为呈现一个半开的效果，可以直接复制这两个半片的车门模型，将其分别

图6.34 安全锤对象
图6.35 设置特效后的安全锤效果
图6.36 校车内部门
图6.37 车门对象

图6.38 关闭的车门

图6.39 半开的车门

旋转一定角度，新建另一个GameObject，将其命名为"halfopen"，并将复制后并旋转的两个模型作为halfopen对象的子对象，如图6.37所示。

显示shutdown而隐藏halfopen，则能观看到一个完全关闭的车门，如图6.38所示。

与之相反，激活halfopen并隐藏shutdown，则能够看到车门半开的效果，如图6.39所示。

推开车门的效果需要通过碰撞检测进行实现，即程序需要捕捉手持控制器的碰撞体是否和车门碰撞体进行了碰撞，因此需要给Door对象添加一个碰撞器，如图6.40所示。并给Door对象附加"BusDoor.cs"脚本，如图6.41所示。

最后，则需要实现最为重要的部分，即与手持控制器相关的部分。

第1步，将美术人员制作的所有状态下的双手模型导入工程，以左手为例，包括空手、持安全锤、持未拔出安全阀的灭火器、持已拔出安全阀的灭火器，右手和左手完全相同，因此一共需要导入八个模型，如图6.42所示。

第2步，需要将这些模型全部添加至场景当中，并分别作为[CameraRig]下"Controller-Left"和"ControllerRight"的子对象，在项目

运行的过程中，程序将根据手持控制器的状态实时调整应该显示的模型和需要隐藏的模型，所以此时，先将所有的模型均设置为不激活的状态，即隐藏状态，如图6.43所示。

ControllerLeft 和 ControllerRight 两个手持控制器对象需要添加碰撞器，如此才能够实现与灭火器、安全锤等的交互，在脚本当中，可使用"OnTriggerStay"等函数来实现手持控制器与其他对象进行碰撞时捕捉发生碰撞的对象，因此，需要添加"Rigidbody"组件。球形碰撞器相较于其他形状的碰撞器更符合虚拟手的形状，所以采用此种碰撞器，并将"IsTrigger"开启。此外，为了取消碰撞器的物理效果，为"Rigidbody"开启"IsKinematic"变量，如图6.44所示。

第3步，为ControllerLeft和Controller-Right分别添加"VR ControllerModel.cs"脚本，并将所有状态的模型赋值给脚本当中对应的变量，如图6.45所示。

如此，即可根据所拾取的对象变更手持控制器的模型。为实现击碎玻璃和消灭火焰的效果，还需要给手持控制器下的部分模型添加某些组件。

针对击碎窗户效果，需要为所有的车窗玻璃添加碰撞器。新建一个GameObject对象，命名为"WindowCollider"，并为其添加一个"Box Collider"，车窗模型较薄，为了使击碎玻璃的碰撞检测更为准确，可将碰撞体设置为更为厚实的状态，只是玻璃模型处于该碰撞器的边缘处，如图6.46所示。

接着，将校车模型中的玻璃模型作为该WindowCollider的子对象，并为WindowCollider添加"BusWindow.cs"脚本。"BusWindow.cs"脚本中有两个公有类型的变量——破碎的玻璃片粒子系统"Break Effects"和提示敲击车窗四角的粒子系统"Hint Effect"。粒子系统的制作和上文介绍的给灭火器和安全锤添加的粒子系统较为相似，在此不做详述。为新建的敲击车窗四角的视觉提示粒子系统命名为"Hint_SideWindow"，并将其作为WindowCollider的子对象。校车玻璃包括

图6.46 添加碰撞

司机前方的挡风玻璃和乘客侧边的玻璃，挡风玻璃由于体积更大，因而破碎时的碎片粒子系统和乘客侧边玻璃破碎时的碎片粒子系统有所不同，所以分别制作两个粒子系统，"GlassParticle_FrontWindow"和"GlassParticle_SideWindow"。玻璃破碎的粒子系统一旦制作完毕，脚本将在玻璃被体验者击碎的时刻以这两个粒子系统为模板实例化一个全新的粒子系统，并在玻璃模型处进行播放。此时的WindowCollider如图6.47所示。

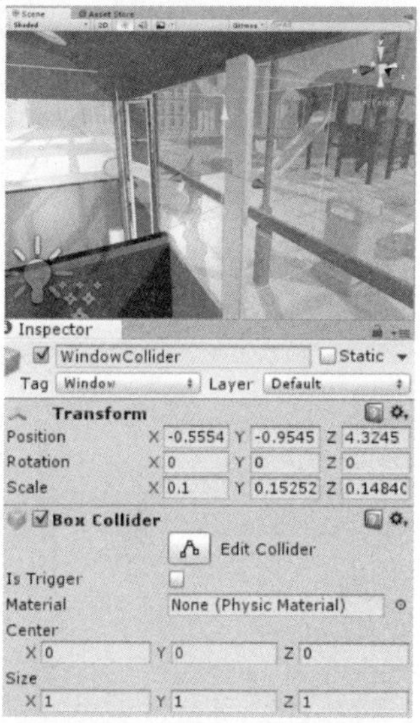

图6.47 设置玻璃击碎效果

添加完毕后，给WindowCollider的BusWindow.cs脚本中的两个公有类型变量分别进行赋值，将玻璃破碎的粒子系统赋值给"Break Effects"，如此，脚本在实例化粒子系统时，能够以"Break Effects"为模板。此外，将WindowCollider的子对象Hint_SideWindow赋值给"Hint Effects"，如图6.48所示。

图6.48 玻璃击碎效果

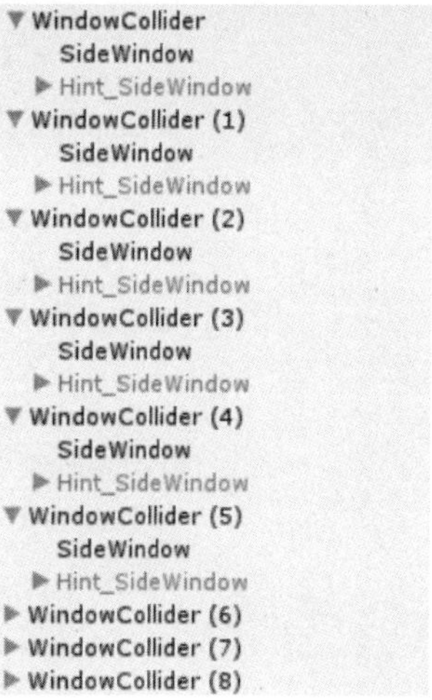

图6.49 摆放设置好的玻璃对象

为校车的所有车窗都进行上文所述的设置，并且暂时将所有车窗的Hint_SideWindow设置为非激活状态，如图6.49所示，因为在体验者拾取安全锤以及观察任意一扇车窗之前，程序无须显示提示效果。

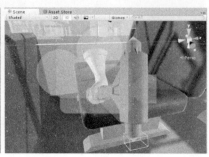

然后，需要给手持控制器的持锤模型锤尖处添加一个小型碰撞器，如此，当体验者拾取安全锤后，能够在使用锤尖敲击玻璃（安全锤的锤尖碰撞器与玻璃碰撞器相接触）时被程序捕捉。为ControllerLeft对象下的LeftHand_Hammer和ControllerRight对象下的RightHand_Hammer模型添加"Box Collider"组件，调整其中心位置和体积，使其尽可能准确地贴合模型锤尖，以LeftHand_Hammer为例，碰撞器的位置如图6.50和图6.51所示。

由于锤尖碰撞器在与玻璃碰撞器进行碰撞时，将在脚本中调用OnTriggerEnter函数进行捕捉，因此需要给锤尖碰撞器开启"IsTrigger"，并添加"Rigidbody"组件，开启"IsKinematic"，如图6.52所示。

最后，则是为LeftHand_Hammer和RightHand_Hammer添加"BreakWindow.cs"脚本，如图6.53所示。

如此，即可实现使用安全锤击碎玻璃的功能。

使用灭火器进行灭火的设置则相对更为简单。首先，制作一个白色喷雾粒子系统，如图6.54所示。

将该粒子系统命名为"Foam_Extinguisher"，在场景中将该粒子系统置于灭火器喷射口处，即可观赏到一个令人满意的灭火效果，如图6.55所示。

为ControllerLeft和ControllerRight下的"FireExtinguisher_Useful"添加"Foam.cs"和"ClearFire.cs"脚本，并新建一个空对象，将其命名

图6.55 灭火器喷射效果

图6.56 灭火器喷射口设置（AR图片）

图6.57 变量赋值

图6.58 拖入CameraRig

为"Foam_Object"，将该对象移动至灭火器模型的喷射口处，如图6.56所示。

为Foam_Object对象添加"ActiveEffect.cs"脚本，并将白色喷雾粒子系统Foam_Extinguisher赋值给公有类型变量"Effects"，并设置"Destroy Time"为"2"（该数据可根据开发者的设计要求制定）。

如此，当需要实例化白色喷雾粒子系统时，脚本将能够以Foam_Extinguisher为模板。脚本还需要把实例化后的白色喷雾粒子系统的位置设置为所依附对象的位置，因此Foam_Object的位置设定为何处，白色喷雾将在何处进行显示。

接着，将FireExtinguisher_Useful对象的"Foam.cs"脚本中的"FoamObject"赋值为"Foam_Object"。

还需要将"Foam_Object"也赋值给"ClearFire.cs"脚本的"FoamObject"变量，此外，将"ClearFire.cs"中的所有变量都进行赋值，如图6.57所示。

其中的"ClearFireDistance"和"ClearSpeed"数值可根据开发者的设计需求进行调整。

至此，主场景的所有交互系统已全部制作完毕。

6.3.2 校车行驶场景

微视频:
6.3.2 校车行驶场景

首先，将工程文件夹中"SteamVR/Prefabs"的[CameraRig]和[SteamVR]拖拽进入场景，如图6.58所示。

与主场景相同，校车行驶场景也需要城市模型和校车模型。先将城市模型导入场景，并将其位置设置为（0,0,0），如图6.59所示。

接着，将校车模型导入场景，并将其置于直行道的一端，如图6.60所示。

将校车的位置调整为（0,0,75）。在这个场景，体验者所能够进行的交互是按下手持控制器的触控板触发校车行驶，之后则需要实现"坐车"的效果，即体验者一直处于乘坐虚拟校车的状态。因此需要将

图6.59 场景效果一
图6.60 场景效果二

图6.61 摄影机对象

图6.62 完整场景对象

图6.63 设置汽车行动速度

[CameraRig]作为校车对象的子对象，如图6.61所示。

此时完整的场景对象如图6.62所示。

为校车对象添加"BusMove.cs"脚本，实现当校车行驶至某个位置时触发着火并载入主场景的机制，需要为BusMove脚本中的"EndPos"赋值，根据校车和城市的位置，可将行驶终点设置为十字路口处，即Vector3（0.0f,0.0f,20.0f）的位置。如果开发者欲将校车行驶的距离伸长或缩短，可调整EndPos的Z值。接着，为校车设置行驶速度和行驶时间，这两个数值均可根据开发者的设计需求进行设定，本项目中的设定如图6.63所示。

最后，需要为手持控制器添加脚本，使得体验者能够通过触发HTC Vive的手柄控件命令校车行驶。为[CameraRig]下的Controller（left）和Controller（right）分别添加"ControllerLetBusDrive.cs"脚本，如图6.64和图6.65所示。

图6.64 为Controller（left）添加脚本
图6.65 为Controller（right）添加脚本

至此，就完成了"BusMove"场景的所有制作。

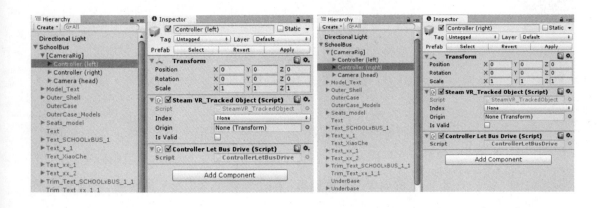

6.3.3 初始剧情播放场景

微视频：
6.3.3 初始剧情播放场景

图6.66 添加CameraRig对象

图6.67 赋予天空盒材质

图6.68 场景效果

图6.69 导入图片素材

初始剧情播放场景和主场景与校车行驶场景相同，首先需要将"SteamVR"文件夹下"Prefabs"中的[CameraRig]和[SteamVR]导入场景，并将场景当中的主摄像机删除，使得场景所包含的所有对象如图6.66所示。

本项目设计的初始场景是通过二维图片来播放剧情，除二维图片外整个场景是黑色的，因此需要将天空盒子重新设定，在工具栏中单击"Window"按钮，并在菜单栏中选择"Lighting"，此时可选择任意一个材质赋值给天空盒子。在Photoshop中制作一张纯黑色的图片，导入工程后新建一个材质名为"Black"，将纯黑色图片赋值给该材质球，即可使用"Black"材质赋值给天空盒子，如图6.67所示。

此时，初始剧情的场景效果如图6.68所示。

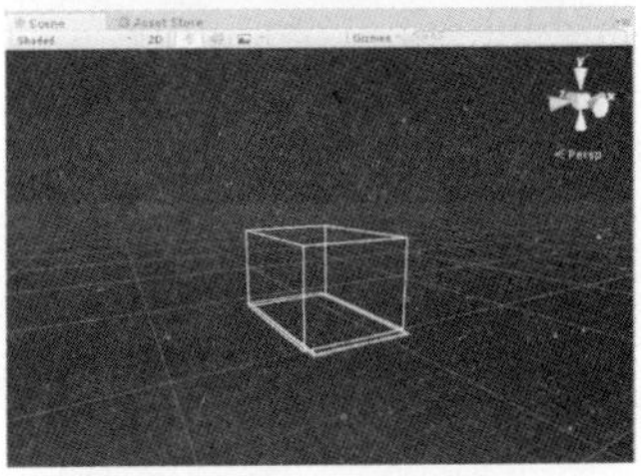

接着，将美术人员制作的剧情二维图片导入工程，初始剧情一共需要三张图片，如图6.69所示。

将图片导入场景后，新建三个材质球，并将这三张图片分别赋值给三个材质球，如图6.70所示。

之后，在场景中新建三个"Plane"对象，并将这三个材质分别赋予这三个对象，使得能够在场景中分别显示三个二维图片，如图6.71～图6.73所示。

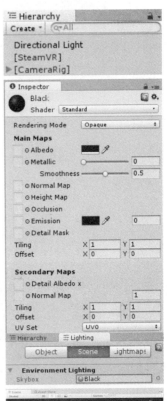

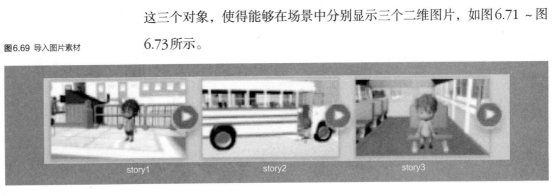

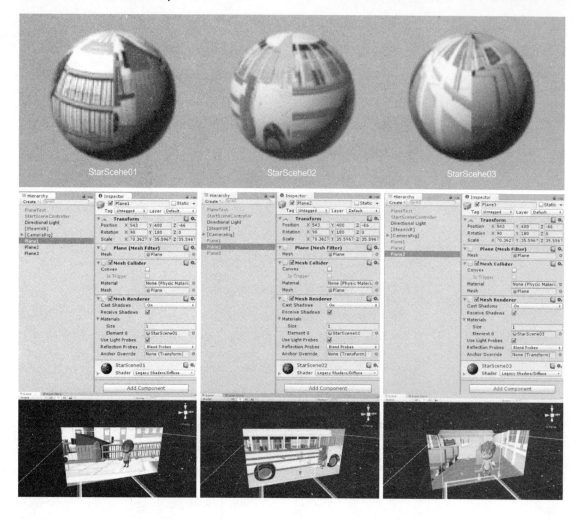

图6.70 制作材质球
图6.71 "Plane1" 对象材质球
与实际效果
图6.72 "Plane2" 对象材质球
与实际效果
图6.73 "Plane3" 对象材质球
与实际效果

图6.74 设置文字提示

除这三张图片外，再添加一个平面对象，并显示文字"叮铃铃铃铃，放学了！你从学校里出来，上了等候在校门口的校车，准备坐校车回家。"这行文字将成为体验者在戴上头戴式显示器后到观看第一张图片之间的过渡。将该平面命名为"PlaneText"，添加"TextMesh"组件，在组件的"Text"变量处，输入这行文字，并且将"CharacterSize"和"FontSize"进行调整，使得字体清晰、大小合适，如图6.74所示。

设置完毕后，在场景中将可观看到如图6.75所示效果。

随后，新建一个GameObject类型的对象，将其命名为"StartSceneController"，为其添加"StartSceneManager.cs"脚本，

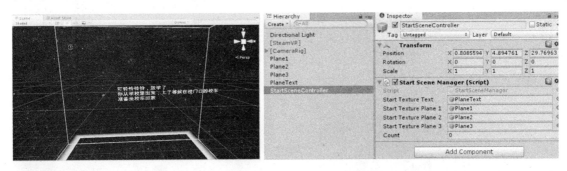

图6.75 文体提示效果
图6.76 函数赋值
图6.77 为Controller（Left）添加脚本

图6.78 为Controller（right）添加脚本

并且在Inspector面板中，将PlaneText、Plane1、Plane2、Plane3分别赋值给脚本的四个公有类型变量，并将Count设置为0，如图6.76所示。

最后，还需给[CameraRig]下的"Controller（left）"和"Controller（right）"分别添加"ControllerChangeFinalImage.cs"脚本，如图6.77和图6.78所示。

至此，该场景制作完毕。体验者能够通过按下左手或右手的手持控制器触控板观看开场剧情，并且在剧情播放至最后一张图片时载入校车行驶场景。

6.3.4　结尾剧情播放场景

微视频：
6.3.4　结尾剧情播放场景

结尾剧情播放场景与初始剧情播放场景十分相似。在该场景中，首先去除主摄像机，并将[CameraRig]和[SteamVR]添加进入场景。接着，导入结尾场景的四张二维图片，如图6.79所示。

并以这四张图片建立四个材质球，如图6.80所示。

在场景中新建四个Plane类型的对象，并将其材质分别设置为以上四个材质。此外，再添加两个平面，并添加文字，分别为"敲碎车窗玻璃后，你从车窗成功逃出了火场。之后你拨打了火警电话119寻求帮助。"和"同学们，体验已结束，请摘下头盔。欢迎再次游玩！"在场景中分别呈现如图6.81和图6.82所示效果。

148

图6.79 导入素材图片

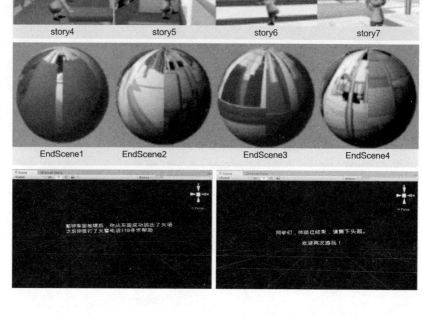

图6.80 制作材质球

图6.81 文字提示效果一
图6.82 文字提示效果二

图6.83 变量赋值

　　为控制剧情二维图片的播放顺序，新建一个GameObject类型的对象"FinalSceneController"，为其附加"GameSuccess.cs"脚本，将"Count"设置为0，并将所有平面分别赋值给脚本中的相应变量，如图6.83所示。

　　最后，为[CameraRig]下的Controller（left）和Controller（right）添加"ControllerChangeFinalImage.cs"脚本。如此即完成对结尾场景的制作。

第七章 交互系统实现

7

7.1 HTC Vive手持控制器设置

微视频：
7.1 HTC Vive**手持控制器设置**

图7.1 HTC Vive手持控制器按键：1. 菜单按键，2. 触控板，3. 系统按键，4. 状态指示灯，5. Micro-USB端口，6. 追踪感应器，7. 扳机，8. 抓握按键

"校车火场逃生"项目使用HTC Vive设备，编写其交互系统时，首先要实现对其手柄控制器输入动作的捕捉。在Unity的资源商店中下载安装好HTC Vive插件SteamVR Plugin后，其提供的SteamVR_Controller类可直接为开发者所调用，来实现对HTC Vive手柄控制器的操控捕捉。

HTC Vive手持控制器包含多种按键，手柄正面的三个按键从上至下分别为菜单按钮、触控板和系统按钮，侧面下方在左侧和右侧分别包含一个抓握按钮，手柄背面包含一个扳机按钮，如图7.1所示。其中系统按钮被按下时，系统将自动弹出Steam主页，

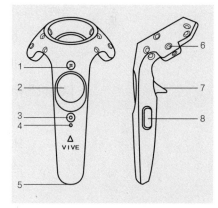

除该按钮外，其他按钮均较适合作为虚拟现实项目中用以操作的控件。

熟悉这些控制以后，将可以在脚本中使用SteamVR_Controller类的函数来捕捉这些操作。触控板包括接触、按下、弹起三个状态，扳机和其他按钮包括持续按下、按下瞬间和弹起瞬间三个状态，这些状态均可通过脚本程序进行捕捉。

首先，新建一个脚本，由于插件脚本采用C#编程语言，为脚本互相调用便捷，亦新建C#Script脚本，并将其命名为"VRControllerModel"。

新建立两个对象：

```
private SteamVR_TrackedObject trackedObj;
```

private SteamVR_Controller.Device controllerDevice;

在脚本的Start函数中，编写如下代码：

trackedObj=gameObject.GetComponent<SteamVR_TrackedObject>( );

controllerDevice = SteamVR_Controller.Input((int) trackedObj.index);

SteamVR Plugin插件所提供的[CameraRig]对象包含三个部分，分别是头戴式显示器（Camera(head)）、左手手持控制器（Controller(left)）和右手手持控制器（Controller(right)），如图7.2所示。

图7.2 手柄控制器对象

两个手持控制器都具备"SteamVR_TrackedObject"组件，这个组件将在项目运行时对手柄控制器进行捕捉，并记录该手柄的序号。SteamVR_Controller.Input函数以这个手柄序号作为输入值计算得出结果并赋值给所建立的controllerDevice对象，这个对象将能够直接代表手柄控制器。随后，即可使用controllerDevice来捕捉体验者对手柄的操控。每一种按键均有六种操控方式，分别为按下、抬起、持续按下、接触、松开、持续接触，在脚本中分别为GetPressDown、GetPressUp、GetPress、GetTouchDown、GetTouchUp、GetTouch。以扳机为例，六种操控的完整捕捉脚本如下。

```
if(controllerDevice.GetPressDown(SteamVR_Controller.ButtonMask.Trigger))
{
    Debug.Log("体验者按下了扳机");
}
if(controllerDevice.GetPressUp(SteamVR_Controller.ButtonMask.Trigger));
{
    Debug.Log("体验者抬起了扳机");
}
if(controllerDevice.GetPress(SteamVR_Controller.ButtonMask.Trigger))
{
```

```
            Debug.Log（"体验者正在持续按住扳机"）;
    }
    if(controllerDevice.GetTouchDown(SteamVR_Controller.
    ButtonMask.Trigger))
    {
            Debug.Log（"体验者轻触了扳机"）;
    }
    if(controllerDevice.GetTouchUp(SteamVR_Controller.
    ButtonMask.Trigger))
    {
            Debug.Log（"体验者松开了扳机"）;
    }
    if(controllerDevice.GetTouch(SteamVR_Controller.
    ButtonMask.Trigger))
    {
            Debug.Log（"体验者正持续轻触扳机"）;
    }
```

这些程序中，只有GetPress和GetTouch捕捉体验者的持续动作，其余均为瞬时动作，例如，GetPressDown捕捉按下按键的一瞬间，GetTouchUp捕捉松开的一瞬间。其余按键所对应的代码如表7.1所示。

结合扳机六种操控动作的程序案例，如果开发者希望捕捉体验者对触控板的接触动作，可编写如下代码。

```
    if(controllerDevice.GetTouchDown(SteamVR_Controller.
    ButtonMask.TouchPad))
    {
            Debug.Log（"体验者轻触了触控板"）;
    }
```

表7.1 HTC Vive手柄按键

SteamVR_Controller.ButtonMask.Touchpad	触控板
SteamVR_Controller.ButtonMask.System	系统按键
SteamVR_Controller.ButtonMask.ApplicationMenu	菜单按键
SteamVR_Controller.ButtonMask.Grip	抓握按键

图7.3 触控面板分区

其他操作类似。其中，触控板实则包含四个分区，其坐标如图7.3所示。

可以通过编写如下程序来捕捉体验者接触触控板的具体位置。

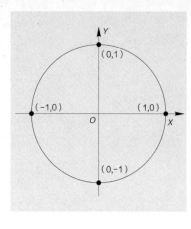

```
if(controllerDevice.
GetTouch(SteamVR_
Controller.ButtonMask.
TouchPad))
{
        Debug.Log（"体验者正在持续触摸触控板"）；
        Vector2 touchPos = controllerDevice.GetAxis( );
        float angle = VectorAngle(new Vector2(1,0), touchPos);
        if(angle > 45 && angle < 135)
        {
                Debug.Log（"体验者接触的位置在触控板下部"）；
        }
        if(angle < -45 && angle > -135)
        {
                Debug.Log（"体验者接触的位置在触控板上部"）；
        }
        if((angle < 180 && angle > 135) || (angle <-135 &&
angle > 180))
        {
                Debug.Log（"体验者接触的位置在触控板左部"）；
        }
        if((angle > 0 && angle < 45 ) || (angle > -45 &&
angle < 0))
        {
                Debug.Log（"体验者接触的位置在触控板右部"）;
        }
        Debug.Log（"体验者接触触控板的具体坐标为："+
touchPos );
```

```
        }
```

此外，手柄震动程序为controllerDevice.TriggerHapticPulse（3000），函数括号内的数值可根据实际需求改变，数值愈高，震动愈强烈。如欲持续扣动扳机时手柄震动，可编写如下代码。

```
        if(controllerDevice.GetPress(SteamVR_Controller.
        ButtonMask.Trigger)
        {
                controllerDevice.TriggerHapticPulse(6000);
        }
```

在了解HTC Vive手持设备输入控制的脚本后，即可开始编写项目的交互系统。"校车火场逃生"项目主要包括拾取、释放对象（包括灭火器、安全锤），灭火，敲击玻璃，推门等系统，以下分别叙述实现这些功能的编程方法。

7.2　可交互的对象

微视频：
7.2　可交互的对象

在"校车火场逃生"项目中，可以被拾取和放置的对象包括灭火器和安全锤。在游戏运行过程中，一旦体验者的手持控制器靠近这两种对象，并按下了相应手柄按键，体验者便能够在虚拟世界中拾取该对象。两种对象虽然功能不同，灭火器的功能为喷射白色颗粒并消灭火焰，安全锤的功能为敲碎玻璃，但它们均能够被任何一只虚拟手拾取，被释放时均会跌落至校车地面、座椅上，还可以被再次拾取，在单纯地被拾取和释放方面，任何一个对象存在着相似之处，因此为它们共同编写一个脚本，为"ActionManager.cs"。

在这个项目的开发过程中，程序员针对使用灭火器灭火和使用安全锤敲碎校车玻璃的功能，采用的解决方案是，场景中能够被拾取的灭火器和安全锤只是将自己的物品种类传达给手持控制器，使得手持控制器可以基于物品种类变换模型。因此可交互物品本身的脚本程序是十分简单的。

物品的模型本身不具备任何脚本，该脚本实则是附加给和模型处于同一位置，但体积较模型稍大的立方体上，该立方体的碰撞器使手柄能够判断是否和其进行接触，从而拾取该对象。为作为碰撞器的立方体编写脚本，而不是为模型本身编写脚本，将使得在项目开发过程中，美术人员更换模型形态时提升制作效率，场景设计者只需将原有模型删除，将新模型放置于立方体中心即可。一个可交互对象除模型外，还具备一个提示体验者拾取该对象的视觉元素，因此在脚本中，首先建立两个公有对象，分别保存物品模型和提示性视觉元素，代码如下。

```
public GameObject itemUI;
public GameObject itemModel;
```

在美术人员制作完所有资源后，开发团队的场景设计者需要将模型和提示性视觉元素导入Unity场景中，并在引擎界面上将这两个元素拖拽赋值给itemUI和itemModel。

由于不同的对象具备不同的功能，因此需要为它们分别设置一个独一无二的ID，如此，被拾取后，程序才可判断体验者究竟持有着什么对象，能够执行什么功能。在脚本中新建一个枚举类，将所有的物品名进行编写。

```
public enum ItemSpecie
{
    EXTINGUISHER,
    FIREHAMMER,
}
```

并建立一个公有类型的ItemSpecie变量，当脚本编写完毕，并将其附加给场景对象后，开发者将可在Unity的引擎界面中为每个可交互的对象设置其种类。

```
public ItemSpecie MySpecie;
```

由于每个对象均拥有独一无二的种类，其他程序可能需要读取该对象的种类，因此再编写一个反馈自己种类的公有类型函数——ReturnMySpecie()。

```
public ItemSpecie ReturnMySpecie()
{
    return MySpecie;
}
```

可交互对象只有在未被拾取时才能够被拾取，即体验者不能够使用右手控制器来拾取被左手手持的对象。并且，这些对象只有处于被手持

的状态，才能够被释放。因此需要新建一个变量专门保存对象的被拾取
状态，并建立一个函数来反馈对象的被拾取状态，代码如下。

```
public bool isCatched = false;
public bool AmIBeCatched()
{
        return isCatched;
}
```

接下来，需要编写对象被拾取和被释放的函数。在被拾取时，需要
先将提示性视觉符号删除，提示性符号的作用为提示玩家拾取该对象，
因此对象已经被拾取后，游戏将不需要提示性符号；然后，应将对象的
位置设定为手持控制器的位置，即保持对象和虚拟手处于同一位置，如
此，对象在被释放时，能够从手持控制器的位置上掉落；最后，将隐藏
对象模型，并取消其碰撞器的碰撞功能，被拾取后，执行碰撞的是手持
控制器对象具备的碰撞器，执行对象功能（灭火或敲碎玻璃）的亦是手
持控制器本身。完整函数如下所示。

```
public void HasCatchMe(GameObject handcontroller)
{
        Destroy(itemUI);

        transform.position = handcontroller.transform.position;
        transform.SetParent(handcontroller.transform);

        itemModel.SetActive(false);

        GetComponent<BoxCollider>().enabled = false;

        isCatched = true;
}
```

将对象设置为手持控制器的子对象是使对象在被拾取后，能够持续
跟随手持控制器的运动，而无须在脚本中实时更新其位置。

将被拾取的函数编写完毕后，还需要编写被释放的一组函数。在
被释放时，需要实现对象根据重力进行自由落体，这需要激活碰撞器

（collider）和刚体（rigid body）两种属性；但在被释放的瞬间，对象的碰撞器和手持控制器的碰撞器若发生碰撞，刚体属性将使得对象被弹射而出，出现类似斜抛的运动效果。为解决这个问题，使对象在被释放时，开启碰撞器，但同时打开触发器（isTrigger）并关闭动力学（isKinematic），在对象被释放而下落的过程中，不断判断碰撞器是否和校车地面或校车座椅发生了碰撞，即判断对象是否已经掉落至一个可以支撑它的平台上，如果符合这个判断，那么立刻取消触发器，并打开动力学，阻止对象继续掉落。在执行这些脚本之前，需要为校车的地面和座椅添加"Supporter"标签，当对象掉落至这些平台上，将判断它们已经无须继续下落了。代码如下所示。

```
void OnTriggerEnter(Collider other)
{
    if(other.gameObject.tag=="Supporter")
    {
        ItemGetDownFloor();
    }
}


void OnTriggerStay(Collider other)
{
    if (other.gameObject.tag == "Supporter")
    {
        ItemGetDownFloor();
    }
}
public void ItemGetDownFloor()
{
    GetComponent<Rigidbody>().isKinematic = true;
    GetComponent<BoxCollider>().isTrigger = false;

    isCatched = false;
```

```
            Debug.Log(gameObject.name + "已落地");
        }
        public void HasReleaseMe()
        {

            transform.parent = null;

            itemModel.SetActive(true);

            transform.up = Vector3.up;

            GetComponent<BoxCollider>().enabled = true;
            GetComponent<BoxCollider>().isTrigger = true;
            GetComponent<Rigidbody>().isKinematic = false;

            Debug.Log(gameObject.name + "被释放了!!");
        }
```

　　被手持控制器释放时，调用HasReleaseMe函数；被拾取时，调用HasCatchMe函数。

　　在"校车火场逃生"项目中，灭火器存在着两种状态，一种是拔除保险的状态，这种状态下，灭火器可直接使用；另一种则是未被拔除保险的状态，此时即便体验者拾取了灭火器，他们依旧不能够使用它，因为灭火器的正确使用方法是首先拔除保险。虽然本项目中，场景里只具备着两件可交互对象，但为保持脚本的灵活性，结合生活中不少物品均具备可使用和不可使用两种状态（例如，盖上笔盖的钢笔是不可使用的，而未盖笔盖的钢笔可使用），需要在脚本中添加一个变量，保存对象的可用性，并编写函数，反馈该对象的可用性，代码如下所示。

```
    public bool beUseful = false;
    public void ChangeUsefulState(bool state)
    {
        beUseful = state;
    }
```

　　灭火器的安全阀、钢笔的笔盖等属于决定物品是否为可直接使用的对象，在脚本中建立一个公有类型的变量，保存这个对象。最后还需编写一个函数，使得其他脚本能够调用该函数隐藏上述对象，例如，一个未被拔除保险的灭火器被体验者拾取后，拔除保险，再被释放后，该灭火器的保险应不再显示，代码如下所示。

```
public GameObject SafetyValve;
public void hideSafetyValve()
{
        SafetyValve.SetActive(false);
}
```

虽然程序的命名直接采用了"安全阀"的英文单词，但该变量并非只能够保存灭火器对象的安全阀，它可以代表任何一件被移除后即可直接使用的对象，如上文举例的钢笔的笔盖，也可以是其他事物，如饼干盒的盒盖、U盘的盖子、矿泉水的瓶盖等，只要满足去除这件事物后，物品可以直接使用，那么这个事物即可赋值给SafetyValve变量。

至此，附加给可被拾取和释放的对象的脚本ActionManager.cs已编写完毕，完整代码可扫描本页二维码查阅。

ActionManager.cs
完整脚本代码

7.3　拾取、释放对象

微视频：
7.3　拾取、释放对象

本节首先要编写的脚本是，体验者能够使用手柄控制器拾取灭火器和安全锤，该功能类似于游戏 *VR Funhouse* 中，拾取足球、锤子等，如图7.4所示。

图7.4的（a）~（d）分别为游戏"VR Funhouse"中的空手状态、持球状态、持枪状态和持锤状态。

为实现该功能，开发者可以为手持控制器绑定模型，使运行游戏时展示给玩家的不是HTC Vive手持控制器的模型，而是空白的"手"模型，在拾取对象后，在"手"模型上再叠加一个对象的模型。这种方法较符合日常生活常理，但两个模型的吻合十分耗费程序员的精力，需要为模型编写其与父对象模型的相对位置，一旦三维美术人员变更了模型的体积或形态，程序员则需要重新编写物品模型相对于"手"模型的旋转角度和位置。这种实现方法十分复杂，因此本项目选择了另一种方法，美术人员制

图7.4 *VR Funhouse* 游戏截图

（a）空手状态

（b）持球状态

（c）持枪状态

（d）持捶状态

作空手模型、持灭火器的模型和持安全锤的模型，体验者一旦拾取了某个对象，手柄控制器则直接变化为持该对象的模型。由于拾取功能在程序上，实则是手柄模型的变化，因此，需要新建一个脚本，名为"VRControllerModel.cs"。在设计方面，灭火器存在两种形态，一种是拉开保险的状态，即可灭火的状态；另一种则是未拉开保险，不可用的状态。两种持灭火器的状态结合持安全锤和空手状态，手柄一共存在4种状态。在脚本中，首先建立几个公有类型的对象，保存4种手柄模型。

```
public GameObject NormalStateModel;//空手模型
public GameObject CatchExtModel_Useful;//持可用灭火器的模型
public GameObject CatchExtModel_Useless;//持不可用灭火器的模型
public GameObject CatchHammerModel;//持锤模型
```

接着，编写一个枚举类型，包含了所有手持控制器状态，如下所示。

```
public enum ControllerState
{
    NORMAL,
    CATCH_EXT_USEFUL,
    CATCH_EXT_USELESS,
    CATCH_HAMMER,
}
```

```
private ControllerState currentControllerState=ControllerSta
te.NORMAL;
```

与手柄根据拾取对象变更模型相关的函数包括以下几个。

```
private void CheckCatchItem(){}
```

```
public void ChangeStateTo(ControllerState newstate){}
```

```
private void ChangeModelBasedOnState(){}
```

ChangeStateTo(ControllerState newstate) 根据传入值来更改手柄状态；ChangeModelBasedOnState()基于手柄状态更换模型；CheckCatchItem()在捕捉手柄拾取对象后，根据对象的种类来调用前两个函数，以达到最终更换手柄模型的效果。

真实生活中，只有在人们的手完全接触物品时，才能够拾取物品。在虚拟世界中，并非必须要手柄和对象完全接触，而是可以在距离对象一定范围内即可拾取。可交互对象通过一个体积较对象本身稍大的碰撞体来定义可被拾取的范围，为确保手柄能够和可交互对象的碰撞体产生交互，手柄本身也必须包含碰撞体，并且在脚本当中，需要实时获取此时此刻与手柄发生碰撞的碰撞体。新建一个私有对象用来保存与手柄发生碰撞的碰撞体：

```
private GameObject currentColliderObject;
```

接着，编写函数，在与其他碰撞体碰撞时，将其他碰撞体赋值给currentColliderObject。可以直接调用Unity已包含的OnTriggerStay函数捕捉与手柄持续发生碰撞的对象，以及OnTriggerExit捕捉离开手柄碰撞体的对象。前者是手柄持续接触的对象，例如，当体验者将手柄和虚拟世界中的一个立方体保持持续接触，那么OnTriggerStay将能够捕捉这个立方体；当体验者的手柄离开该立方体，OnTriggerExit也将捕捉这个立方体。知晓这两个函数的原理后，编写如下两个函数。

```
private void OnTriggerStay(Collider other)
{
    if(other.tag == "Item" || other.tag == "Door" || other.
tag == "VRController")
    {
    currentColliderObject = other.gameObject;
    }
```

```
        }
        private void OnTriggerExit(Collider other)
        {
                currentColliderObject = null;
        }
```

　　手柄可以与可拾取和释放的对象（tag为"Item"）、校车的车门（tag为"Door"）和另一个手柄（tag为"VRController"）发生碰撞，在OnTriggerStay函数中，当函数捕捉到的碰撞体为这些对象时，程序将它们赋值给currentColliderObject，如此，其他碰撞体即使和手柄也发生了碰撞，程序的执行不会受到干扰，例如，当灭火器和校车座椅相距很近，体验者为拾取灭火器将手柄靠近时，也易与座椅发生碰撞，此时，if条件句将确保currentColliderObject不会被座椅的碰撞体所赋值，而是只被赋值为灭火器的碰撞体。当手柄从任何一个碰撞体中离开时，OnTriggerExit函数中的脚本将使currentColliderObject重新变为空值，例如，当玩家将手柄靠近灭火器，而后却离开之时，currentColliderObject更新为空值，如果玩家需要再次拾取灭火器，便需要再次将手柄靠近灭火器，当手柄重新与灭火器的碰撞体相接触时，OnTriggerStay将再次捕捉到灭火器对象。

　　下面，需要编写实现拾取、释放对象功能的核心函数——根据拾取对象的种类更换手柄模型——CheckCatchItem函数。

```
        private void CheckCatchItem( )
        {
}
```

　　所有根据拾取对象变换模型的程序均基于玩家按下了手柄触控板，因此在函数内，首先要添加一个针对触控板是否按下的判断句。

```
        if(controllerDevice.GetPressDown(SteamVR_Controller.
        ButtonMask.TouchPad))
        {
        }
```

　　在该判断句的花括号内，便需要编写根据所拾取对象的种类来变更手柄模型的代码。

　　拾取对象时，不仅需要体验者按下手柄的触控板，还需要手柄和那

些能够被拾取的事物发生碰撞。因此添加第二层判断句，即

```
if(currentColliderObject)
{

}
```

该判断句仅仅是确保在按下手柄触控板的时候，手柄和某个事物发生了碰撞，接着，还需要根据碰撞体的类型来为手柄更改状态。在该判断句中，进一步添加判断程序，确保碰撞体是可被拾取和释放的对象，即tag为Item；此外，该对象的状态应该为"未被拾取"，否则，当左手手柄拾取灭火器后，右手手柄在和左手手柄形成碰撞之时，亦能够拾取左手手持的灭火器，这种操作的可能性将在某些情况下干扰体验者，例如，体验者左手拾取了灭火器，再通过右手手柄拾取安全锤时，如果左手和右手相距较近，右手控制器能够和左手手持的灭火器发生碰撞，即使体验者预期在按下右手手柄触控板时拾取安全锤，也有一定概率是将灭火器从左手转移至右手，为杜绝这种情况的发生，完整的判断句为

```
if (currentColliderObject.tag == "Item" && currentCollider-
Object.GetComponent<ActionManager>().
AmIBeCatched() == false)
{

}
```

通过判断条件后，需要通过碰撞体的标签来识别被拾取对象的种类，编写如下代码。

```
ActionManager.ItemSpecie currentItemSpecie;
currentItemSpecie =
currentColliderObject.Get-Component<ActionManager>().
ReturnMySpecie();
```

使用新建立的对象currentItemSpecie来保存被拾取对象的种类后，即可编写脚本根据对象的一种类来变更手柄状态。灭火器存在两种状态：不可使用的状态和能够使用的状态，其状态的变化基于体验者是否去除保险。一旦判断拾取的对象是灭火器，那么通过灭火器对象的脚本"ActionManager.cs"中的ReturnUsefulState()函数来识别其状态，最终根据这个状态来变更手柄状态。代码如下所示。

```
if(currentItemSpecie == ActionManager.ItemSpecie.
```

```
EXTINGUISHER)
{
if(currentColliderObject.GetComponent<ActionManager>().
ReturnUsefulState())
{
        ChangeStateTo(ControllerState.CATCH_EXT_
        USEFUL);
}
else
{
        ChangeStateTo(ControllerState.CATCH_EXT_
        USELESS);
}
}
```

若拾取的对象是安全锤，那么手柄则直接变更为持安全锤的状态，代码如下所示。

```
else if(currentItemSpecie == ActionManager.ItemSpecie.
FIREHAMMER)
{
    ChangeStateTo(ControllerState.CATCH_HAMMER);
}
```

除上述代码外，还需要将currentCatchObject对象赋值为与手柄发生碰撞的碰撞体：

```
currentCatchObject = currentColliderObject;
```

以及传达给被拾取的对象，将其状态变更为"已经被拾取"：

```
currentCatchObject.GetComponent<ActionManager>().
HasCatchMe(gameObject);
```

完整的CheckCatchItem()函数代码如下所示。

```
private void CheckCatchItem()
{
    if(controllerDevice.GetPressDown(SteamVR_
    Controller.ButtonMask.Touchpad))
```

```
{
    if(currentColliderObject)
    {
        if (currentColliderObject.tag ==
        "Item" && currentColliderObject.
        GetComponent<ActionManager>().
        AmIBeCatched() == false)
        {
            ActionManager.ItemSpecie currentItemSpecie;
            currentItemSpecie = currentColliderObject.
            GetComponent<ActionManager>().
            ReturnMySpecie();

            if (currentItemSpecie == ActionManager.
            ItemSpecie.EXTINGUISHER)
            {
                if (currentColliderObject.
                GetComponent<ActionManager>().
                ReturnUsefulState())
                {
                    ChangeStateTo(ControllerState.
                    CATCH_EXT_USEFUL);
                }
                else
                {
                    ChangeStateTo(ControllerState.CATCH_
                    EXT_USELESS);
                }
            }
            else if(currentItemSpecie == ActionManager.
            ItemSpecie.FIREHAMMER)
            {
```

```
                                        ChangeStateTo(ControllerState.CATCH_
                                            HAMMER);

                                    }


                                currentCatchObject = currentColliderObject;
                                currentCatchObject.
                                GetComponent<ActionManager
                                >().HasCatchMe(gameObject);
                                }
                            }
                        }
                    }
```

当手柄状态根据拾取对象进行变更后，还需要编写更换手柄状态和根据状态来变更模型的两个函数。

首先，编写变更手柄状态的函数。当手柄状态为不持有任何其他对象，且不处于推车门状态时，它将能够更换成任意一个状态，代码如下所示。

```
        if (currentControllerState == ControllerState.NORMAL)
        {
            currentControllerState = newstate;
            ChangeModelBasedOnState();
        }
```

而当手柄并非是空手状态，而是持有灭火器或者安全锤时，手柄将只能够变更为空手状态，即释放这些对象的时候，代码如下所示。

```
        else if (currentControllerState == ControllerState.CATCH_
        HAMMER || currentControllerState == ControllerState.
        CATCH_EXT_USEFUL ||
            currentControllerState == ControllerState.CATCH_EXT_
            USELESS)
        {
            if (newstate == ControllerState.NORMAL)
            {
```

```
                currentControllerState = newstate;
                ChangeModelBasedOnState();
        }
    }
```

在持有物品时，手柄还存在着一种情况，即当体验者将手持的灭火器拔除保险后，灭火器将变更为不带有保险的可以工作的灭火器，因此持不可工作的灭火器的手柄状态可以变更为持能够工作的灭火器的手柄状态，代码如下所示。

```
    else if (currentControllerState == ControllerState.CATCH_
    HAMMER || currentControllerState == ControllerState.
    CATCH_EXT_USEFUL ||
        currentControllerState == ControllerState.CATCH_EXT_
        USELESS)
    {
        if (currentControllerState == ControllerState.CATCH_
        EXT_USELESS && newstate == ControllerState.CATCH_
        EXT_USEFUL)
        {
                currentControllerState = newstate;
                ChangeModelBasedOnState();
        }
    }
```

将上述代码片段整合，完整函数如下所示。

```
public void ChangeStateTo(ControllerState newstate)
{
    if (currentControllerState == ControllerState.NORMAL)
    {
            currentControllerState = newstate;
            ChangeModelBasedOnState();
    }
    else if (currentControllerState == ControllerState.CATCH_
    HAMMER || currentControllerState == ControllerState.
```

```
                 CATCH_EXT_USEFUL || currentControllerState ==
        ControllerState.CATCH_EXT_USELESS)
        {
                if (newstate == ControllerState.NORMAL)
                {
                    currentControllerState = newstate;
                    ChangeModelBasedOnState();
                }
                else if (currentControllerState == ControllerState.
                CATCH_EXT_USELESS && newstate ==
                ControllerState.CATCH_EXT_USEFUL)
                {
                    currentControllerState = newstate;
                    ChangeModelBasedOnState();
                }
            }
        }
```

然后，还需要编写基于手柄状态来变更手柄模型的函数——ChangeModelBasedOnState。其原理为，在虚拟世界中位于手柄控制器的四个模型部分显示部分隐藏，需要根据手柄的当前状态使相应的模型显示，同时使其他模型隐藏，完整代码如下所示。

```
        private void ChangeModelBasedOnState()
        {
            NormalStateModel.SetActive(false);
            CatchExtModel_Useless.SetActive(false);
            CatchExtModel_Useful.SetActive(false);
            CatchHammerModel.SetActive(false);

            if (currentControllerState == ControllerState.NORMAL)
            {
                NormalStateModel.SetActive(true);
                Debug.Log("更改为空手模型");
```

```
        }
        else if (currentControllerState == ControllerState.CATCH_
EXT_USEFUL)
        {
            CatchExtModel_Useful.SetActive(true);
            Debug.Log("更改为持可工作灭火器的模型");
        }
        else if (currentControllerState == ControllerState.CATCH_
EXT_USELESS)
        {

            CatchExtModel_Useless.SetActive(true);
            Debug.Log("更改为持不可工作灭火器的模型");
        }
        else if (currentControllerState == ControllerState.CATCH_
HAMMER)
        {
            CatchHammerModel.SetActive(true);
            Debug.Log("更改为持安全锤的模型");
        }
    }
```

7.4 消灭火焰

微视频:
7.4 消灭火焰

消灭火焰系统涉及三个对象，一是灭火器，二是灭火器喷射出的白色颗粒束，三是火焰。

针对白色颗粒束，在场景创建过程中，白色颗粒束对象将被置于灭火器模型的喷射口处。白色颗粒束的表现效果可以通过Unity的粒子系统实现，需要通过脚本根据手持控制器的扳机扣动状态来变更该粒子系统的显示状态：扣动扳机时，显示该粒子系统；反之则不显示。为实现该效果，需要新建一个脚本"Foam.cs"，该脚本将附加给白色颗粒束的粒子系统对象。

再新建一个公有类型的对象，保存该白色颗粒束粒子系统对象，之后脚本将多次调用这个对象来完成对粒子系统效果的操控，代码如下所示。

```
public GameObject FoamObject;
```

建立一个私有类型的布尔型变量，保存灭火器的白色颗粒束是否处于显示状态，代码如下所示。

```
private bool isFoamActive = false;
```

建立一个函数，返回白色颗粒束是否显示的状态，代码如下所示。

```
public bool ReturnFoamActiveState()
{
    return isFoamActive;
}
```

接着，新建两个公有类型的函数，分别实现"打开灭火器"（显示白色颗粒束）和"关闭灭火器"（隐藏白色颗粒束）的功能，两个函数的完整代码如下所示。

```
public void SetFoamActive()
{
    FoamObject.SetActive(true);
    isFoamActive = true;
}


public void SetFoamNotActive()
{
    FoamObject.SetActive(false);
    isFoamActive = false;
}
```

随后，打开"VRControllerModel.cs"脚本。建立一个函数，返回手持控制器的扳机是否被按下，如下所示。

```
public bool ReturnIsPressingTrigger()
{
    if(controllerDevice.GetTouch(SteamVR_Controller.
    ButtonMask.Trigger))
```

```
        {
            return true;
        }
        return false;
    }
```

程序需要随时检测手持控制器的扳机是否被扣动，因此需要在 Update 函数中，编写扳机是否扣动的判断句，若扳机被扣动，那么使手持控制器震动，并使白色颗粒束粒子系统显示；反之则手柄不震动，颗粒束不显示，代码如下所示。

```
    if (ReturnCurrentControllerState()==ControllerState.
    CATCH_EXT_USEFUL)
    {
        if (ReturnIsPressingTrigger())
        {
            CatchExtModel_Useful.GetComponent<Foam>().
            SetFormActive();
            controllerDevice.TriggerHapticPulse (3000); //手柄震动
        }
        else
        {
        CatchExtModel_Useful.GetComponent<Foam>().
        SetFormNotActive();
        }
    }
```

为实现该效果，也可以不编写 ReturnIsPressingTrigger 这个函数，而是直接在 Update 函数中，将判断句编写为

```
    if (controllerDevice.GetTouch(SteamVR_Controller.
    ButtonMask.Trigger))
```

在 Foam.cs 脚本中，新建过一个对象，名为 FoamObject，在场景制作过程中，可以使用 Unity 的粒子系统制作白色喷雾，并将该粒子系统直接赋值给 FoamObject，不过为了使得最终视觉效果更为良好，团队的设计者还需要在脚本中编写适当代码。新建一个脚本，将其命名为

"ActiveEffect.cs"，在脚本中，编写如下代码。

```csharp
using UnityEngine;
using System.Collections;


public class ActiveEffects : MonoBehaviour
{
    public GameObject Effects;
    public float DestroyTime = 0.0f;
    private GameObject initObject;
    private float intervalTime = 0.1f;


    void Start ()
    {
    }


    void Update ()
    {
        //按照时间间隔实例化喷雾粒子系统
        intervalTime -= Time.deltaTime;
        if(intervalTime < 0.0f)
        {
            initObject = GameObject.Instantiate(Effects) as
            GameObject;
            initObject.SetActive(true);
            initObject.transform.position = gameObject.
            transform.position;
            initObject.transform.forward = gameObject.
            transform.forward;
            initObject.transform.parent = gameObject.
            transform.parent;
            //实例化的特效在一定时间后自动销毁
            GameObject.Destroy(initObject, DestroyTime);
```

```
intervalTime = 0.1f;
        }
    }
}
```

这段代码之所以如上所示，是由于本项目的场景设计师希望将灭火器喷雾设置为多束烟雾在相隔0.1秒（即代码中的intervalTime）的时间内相继喷射而出，并在喷射后的一定时间内销毁（即代码中的DestroyTime），由于在开启灭火功能后，需要在每过0.1秒后实例化一个新的粒子系统，因此程序员在代码中通过新建initObject，并在Update中不断检测时间再基于制作好的粒子系统预制件（即代码中的Effects）将实例化后的粒子系统赋值给initObject，该代码使得视觉效果更加贴近真实。

编写至此，已能实现扣动手柄扳机，灭火器喷射白雾，和松开扳机后，白雾消失的效果。接下来，还需要实现扣动扳机后，灭火器能够灭火的效果。

首先，为火焰创建一个脚本——"BusFire.cs"。火焰的视觉效果可以通过Unity的粒子系统予以创建，设计者通过两套粒子系统分别实现了火焰的火苗运动效果和不断上升的黑烟效果。火焰燃烧态势愈严重，火苗和黑烟两套粒子系统的粒子数量愈大，反之则愈小，粒子数量可以通过脚本程序进行实时更新。先建立两个公有类型的变量，分别保存火苗和黑烟；再建立两个函数，分别返回火苗和黑烟的粒子系统对象，代码如下所示。

```
public GameObject FireEffects;
public GameObject SmokeEffects;
public GameObject ReturnFireEffects()
{
    return FireEffects;
}
public GameObject ReturnSmokeEffects()
{
    return SmokeEffects;
}
```

火势的减弱实则是火苗和黑烟粒子系统粒子规格的逐渐缩小。其他脚本可以调用BusFire.cs中的ReturnFireEffects和ReturnSmokeEffects获取当前两个粒子系统的粒子规格，创建一个小于该规格的数据，并将该数据重新赋值给粒子系统，即可实现粒子系统粒子规格缩小的效果，即火势的下降。在脚本中为粒子的规格赋值的方法如下所示。

```
FireEffect.GetComponent<ParticleSystem>().startSize -=
ClearSpeed * Time.deltaTime;
```

根据上一节的描述，实现灭火效果的对象实则是持灭火器的手柄模型，新建一个脚本"ClearFire.cs"，将脚本附加给灭火器模型。持灭火器的手柄模型是手持控制器对象的子对象。为灭火器编写脚本，这个脚本附加在持灭火器的手柄模型上，需要捕捉手持控制器是否被扣动扳机，才能够判断是否需要显示白色颗粒术，并执行灭火的函数。因此，需要先建立一个公有类型的变量，保存手持控制器对象，之后开发者将可在引擎界面上直接为该变量赋值，代码如下所示。

```
public GameObject RelatedController;
```

白色颗粒束可通过Unity中的粒子系统进行创建，再建立一个公有类型的变量，保存该粒子系统，代码如下所示。

```
public GameObject FoamObject;
```

灭火的过程通过发射射线的方式进行实现，即从灭火器的喷射处发射一条射线，判断该射线是否与火焰发生碰撞，若发生碰撞，并且灭火器距离火焰在一定范围内，程序即判断可以灭火。在脚本中，需要建立一个保存灭火最远距离的变量、一个保存灭火速率的变量和一个物理射线变量，将其设置为公有类型，如此开发者将可在引擎界面中便捷地调整这些数据，代码如下所示。

```
public float ClearFireDistance = 3.0f;
public float ClearSpeed = 0.5f;
private RaycastHit _hit;
```

然后开始建立灭火函数，在函数中，可以通过发射射线的方式来实现向火焰灭火的功能，代码如下所示。

```
private void ShootRay()
{
    //从喷雾的位置，向喷射的方向，发射射线
```

```
if (Physics.Raycast(FoamObject.transform.
position, FoamObject.transform.forward, out _hit,
ClearFireDistance))
{
if (_hit.collider != null && _hit.collider.tag == "Fire")
{
    GameObject FireEffect = _hit.collider.gameObject.
    GetComponent<BusFire>().ReturnFireEffects();
    GameObject SmokeEffect = _hit.collider.gameObject.
    GetComponent<BusFire>().ReturnSmokeEffects();

    //削弱火焰的燃烧态势
    FireEffect.GetComponent<ParticleSystem>().startSize
    -= ClearSpeed * Time.deltaTime;
    SmokeEffect.GetComponent<ParticleSystem>().
    startSize -= ClearSpeed * Time.deltaTime;

    if (FireEffect.GetComponent<ParticleSystem>().
    startSize <= 0.0f)
    {
        Destroy(_hit.collider.gameObject);//将火焰对象销毁
    }
}
}
}
```

在Update函数中，不断判断手持控制器是否扣动了扳机，一旦扣动，即执行灭火函数，代码如下所示。

```
void Update()
{
if(RelatedController.GetComponent<VRControllerModel>().
ReturnIsPressingTrigger())
    {
```

```
                    ShootRay();
                }
            }
```

编写至此，即已完成在持有拔除保险的灭火器情况下，扣动扳机能够在灭火器喷射口喷出白色颗粒束，并在距离火焰一定距离时朝向火焰喷射来灭火的功能。接着，还需要编写在持有未被拔除保险的灭火器时，体验者拔除灭火器保险的程序。

打开"VRControllerModel.cs"，创建一个公有类型的变量，保存灭火器保险模型，代码如下所示。

```
public GameObject SafetyValveFx;
```

项目的策划方案是当两个手持设备互相产生碰撞，且未持灭火器的手持控制器按下了扳机时，能够拔除被另一个手持控制器持有的灭火器的保险。为完成该功能，需要编写一个函数——CheckHandTouchHand()。

首先，需要编写一个判断句，判断是否有对象和手柄控制器发生了碰撞，且该对象是否是另一个手持控制器，如下所示。

```
if(currentColliderObject && currentColliderObject.
tag="VRController")
{
}
```

在判断句内，需要进一步编写一条判断句，即判断未持灭火器的手持控制器的扳机是否被扣动，即

```
if (currentColliderObject.GetComponent<VRControllerMod
el>().ReturnIsPressingTrigger())
{
}
```

一旦满足这两个判断条件，还需要编写灭火器保险被拔出的效果程序。在体验过程中，灭火器被拔出保险实则是瞬间更换了手柄模型——由持未被拔出保险的灭火器的手柄模型直接更换为持被拔出保险的灭火器的手柄模型，只是在此过程中叠加了一个保险移除的动画效果。针对这个动画效果，由美术人员制作灭火器保险的模型后，将模型导入工程，并设置其为一个预制件，在CheckHandTouchHand函数中，再次实例化这个预制件，并将实例化后的对象置入程序运行当前手持控制器中灭

火器的位置上，使该实例化对象进行一个短时间的运动，表现为从灭火器上脱离后，最终销毁。

在函数中新建一个GameObject类型的变量：

GameObject initObject;

在第二个判断句的花括号内，编写实例化灭火器保险的预制件的代码：

initObject = GameObject.Instantiate(SafetyValveFx) as GameObject;

图7.5 场景中的手臂与对象

实例化SafetyValveFx后，initObject已经存在于虚拟场景中，接着需要设置其位置，它的位置应和未被拔除保险的灭火器模型的保险位置相同，开发者可在Unity的场景视窗中单击持未被拔除保险的灭火器的手柄模型对象，并在属性列表中寻找至灭火器保险模型，如图7.5所示。

在此，直接使用模型上灭火器保险的位置和朝向给initObject的位置和朝向赋值，代码如下所示。

initObject.transform.position = GameObject.Find ("SafetyValve_OutFX").transform.position;

initObject.transform.forward = GameObject.Find ("SafetyValve_OutFX").transform.forward;

灭火器保险被拔出的过程只需要一个短时间的动画来进行表现，于是可以设置经过几秒后，initObject被销毁，代码如下。

GameObject.Destroy(initObject, 2.0f);

括号中的"2.0f"即表达2秒后，销毁被拔出的灭火器保险对象。

最后，编写手持控制器变更状态的代码，包括手持控制器的状态由持不可用灭火器的状态变更为持可用灭火器的状态、灭火器由不可用状态变更为可用状态，以及需要将持灭火器的手柄模型中的灭火器保险隐藏，使得在视觉显示上呈现出一个可以直接喷雾灭火的灭火器模型，代码如下所示。

ChangeStateTo(ControllerState.CATCH_EXT_USEFUL);

currentCatchObject.GetComponent<ActionManager>().

ChangeUsefulState(true); currentCatchObject.

```
        GetComponent<ActionManager>().hideSafetyValve();
完整的函数代码如下所示。
    private void CheckHandTouchHand()
    {
        GameObject initObject;

        if (currentColliderObject && currentColliderObject.tag ==
"VRController")
        {
            if (currentColliderObject.GetComponent<VRControllerM
odel>().ReturnIsPressingTrigger())
            {
                ChangeStateTo(ControllerState.CATCH_EXT_
                USEFUL);

                initObject = GameObject.Instantiate(SafetyValveFx)
                as GameObject;
                initObject.transform.position = GameObject.
                Find("SafetyValve_OutFX").transform.position;
                initObject.transform.forward = GameObject.
                Find("SafetyValve_OutFX").transform.forward;

                GameObject.Destroy(initObject, 2.0f);

            currentCatchObject.GetComponent<ActionManager>().
            ChangeUsefulState(true);
            currentCatchObject.GetComponent<ActionManager>().
            hideSafetyValve();
                }
        }}}
```

至此，扣动手持控制器的扳机进行灭火的功能就全部实现了。

7.5　敲碎玻璃

和灭火动作相同，敲碎玻璃的功能依旧是由持安全锤的手柄模型来完成。这部分功能涉及两个对象，玻璃和安全锤。

首先为玻璃对象编写脚本，新建一个C#类型的脚本"BusWindow.cs"。

项目以安全教育为目标，敲击车窗玻璃的正确方式为击碎玻璃的四个角落，程序为展现这一点，当体验者视线集中在窗户上时，将在玻璃模型的四个角落上出现时隐时现的红色圆形视觉符号。在脚本中，新建一个私有类型的布尔型变量，保存窗户是否被体验者观看，如下所示。

private bool isBeingWatched = false;

接着，建立一个公有类型的函数，使得其他脚本可以调用这个函数来更改窗户的被观察状态，如下所示。

```
public void isWatching()
{
    isBeingWatched = true;
}
```

当体验者观察玻璃时，出现玻璃四角的提示信号；而当体验者不观察玻璃时，程序需要取消玻璃四角的提示信号。开发者通过在Unity场景中制作特效预制件完成玻璃角落提示信号的设计，在脚本中，需要新建一个公有类型的对象，来保存这个视觉信号对象，如下所示。

public GameObject hintEffect;

此外还需要编写两个函数，一是呈现提示信号的函数，二是取消提示信号的函数。两个函数的完整代码如下所示，通过将视觉信号激活和隐藏来实现。

```
public void activeHintEffect()//开启视觉提示
{
    hintEffect.SetActive(true);
}
public void shutHintEffect()//关闭视觉提示
{
    hintEffect.SetActive(false);
```

```
}
```

　　根据体验者观察玻璃的状态来激活或隐藏视觉提示信号则需要在Update函数中编写判断句来调用开启和关闭视觉提示的函数，代码如下所示。

```
if (isBeingWatched)

{

activeHintEffect( );

}

else

{

shutHintEffect( );

}
```

　　在持安全锤的状态下，可以通过从摄像机位置发射射线的方式判断体验者是否朝向了玻璃，一旦朝向玻璃，便通过调用BusWindow.cs脚本的isWatching( )函数来设置玻璃的被观看状态为true，因此在BusWindow.cs的Update函数中，在编写完根据被观看状态开启或关闭视觉提示后，需要直接将玻璃的被观看状态设置为false，因为一旦体验者依旧在持续观看着玻璃，VRControllerModel.cs中相关代码还将会把玻璃的被观看状态再次设置为true。此时，Update中和视觉提示相关的完整代码如下所示。

```
void Update( )

{

    if (isBeingWatched)

{

activeHintEffect( );

}

else

{

shutHintEffect( );

}

isBeingWatched = false;

}
```

接着再编写当体验者观看玻璃时，将玻璃的被观看状态设置为true的代码。打开VRControllerModel.cs，新建几个和射线判断相关的对象，其中两个私有类型的变量分别保存射线发射体和与射线发生碰撞的对象，一个公有类型的变量来保存检查射线碰撞的距离，代码如下所示。

```
private GameObject currentRaycastObject;
private RaycastHit _hit;
public float checkDistance = 10.0f;
```

射线发生器即为摄像机，需要将摄像机对象赋值给currentRaycastObject，在Start函数中，编写如下代码：

```
currentRaycastObject = GameObject.Find ("Camera (eye)");
```

在Update函数中，检测手持控制器状态是否是持安全锤的状态，在该状态下，不断向摄像机的朝向方向发射射线，一旦射线检测到和玻璃进行碰撞，便调用该玻璃的BusWindow.cs脚本中的isWatching函数将它的被观察状态设置为true。完整代码如下所示。

```
if(ReturnCurrentControllerState() == ControllerState.
CATCH_HAMMER)
{
    if (Physics.Raycast(currentRaycastObject.transform.
    position, currentRaycastObject.transform.forward, out _
    hit, checkDistance))
    {
        GameObject gameObj = _hit.collider.gameObject;

        if (gameObj.tag == "Window")
        {
            gameObj.GetComponent<BusWindow>().
            isWatching();
        }
    }
}
```

编写至此，已经可以实现当体验者朝向车窗玻璃时，能够在窗户的四个角落上出现视觉提示信号的效果。下面开始编写击碎玻璃相关的程序。

玻璃对象应具备的属性是被击碎时需要敲击的次数，因此先新建一个公有类型的变量，保存被击碎时需要敲击的次数，公有类型使得设计者能够在Unity引擎界面上设置这个变量，代码如下所示。

public static int NeedToShockNum = 8;//暂时设置为敲击8次玻璃碎裂

此外，当敲击时，还需要一个变量来储存目前敲击的次数，新建一个私有类型的变量：

private int currentShockedNum = 0;

在持安全锤的状态下，敲击了一次玻璃的信息由手持控制器对象传达给玻璃，因此还需要建立一个公有类型的函数，使得其他脚本能够调用这个函数来增加当前敲击的次数，代码如下所示。

public void HasShockOnce()//敲击了一次

{

}

破碎时，需要取消玻璃对象的碰撞器，开启玻璃破碎的粒子效果，销毁玻璃模型，这些效果应当被写入一个函数，新建一个私有类型的函数WindowBreakDown，代码如下所示。

private void WindowBreakDown()

{

}

破碎时碎片束的出现和掉落采用粒子系统的方式实现，新建一个公有类型的变量来保存这个粒子系统。并建立一个私有类型的变量，用以在玻璃破碎时重新实例化这个粒子系统，由于校车拥有多个窗户，每扇窗户被击碎时均需一个破碎的效果。代码如下所示。

public GameObject breakEffects;

private GameObject initObject;

在玻璃被击碎时，首先需要取消玻璃对象的碰撞器，这一方面是当体验者依旧做着敲击玻璃的动作时，程序不再捕捉到体验者敲击玻璃，因此游戏不会重复出现破碎效果；另一方面是玻璃碎片束也拥有着碰撞器，这些碰撞器和玻璃对象的碰撞器将发生碰撞，可能导致玻璃碎片束向外喷射，从而呈现不良的视觉效果。因此编写如下代码。

gameObject.GetComponent<BoxCollider>().enabled =

182

false;

接着，需要编写实例化玻璃碎片束粒子系统的代码，实例化后，将新的粒子系统置于当前玻璃的位置，代码如下所示。

```
initObject = GameObject.Instantiate(breakEffects) as
GameObject;
initObject.transform.position = transform.position;
```

这个碎片束出现后将向下掉落，掉落至校车外后，其模型将被校车模型遮挡，这个时候，就可将这些碎片销毁，如设置它们在出现5秒后销毁，代码如下所示。

```
GameObject.Destroy (initObject, 5.0f);
```

此外，玻璃已然被击碎，因此玻璃模型也可以被销毁，在场景中，玻璃模型是作为其碰撞器的一个立方体对象的子对象，代码中的gameObject指代立方体对象，可以通过gameObject.transform.GetChild(0)来查找它的唯一一个子对象，从而调用Destroy()函数将其销毁，代码如下所示。

```
Destroy (gameObject.transform.GetChild(0).gameObject);
```

结合上述所有语句，WindowBreakDown函数的代码如下所示。

```
private void WindowBreakDown()// 玻璃破碎
{
gameObject.GetComponent<BoxCollider>().enabled =
false;

    initObject = GameObject.Instantiate(breakEffects) as
    GameObject;
    initObject.transform.position = transform.position;

    GameObject.Destroy(initObject, 5.0f);
    Destroy(gameObject.transform.GetChild(0).
    gameObject);
}
```

在HasShockOnce函数中，则需要根据当前敲击的次数来判断此时玻璃是否被击碎了，在被击碎时，则需要调用WindowBreakDown函数来实现破碎效果，完整代码如下所示。

```
public void HasShockOnce()
{
    currentShockedNum++;

    if (currentShockedNum >= NeedToShockNum)
    {
        WindowBreakDown();
    }
}
```

至此，校车玻璃对象的脚本已编写结束，下面需要为安全锤编写脚本，来实现通过手持控制器击碎玻璃的效果。新建一个脚本 "BreakWindow.cs"，代码如下所示。

```
using UnityEngine;
using System.Collections;
public class BreakWindow : MonoBehaviour
{
}
```

脚本逻辑十分简单，只需要判断安全锤锤尖处的碰撞器是否进入了玻璃碰撞器，一旦进入，就调用玻璃脚本的 HasShockOnce 函数记录被敲击一次。

新建一个私有类型的变量，保存当前被敲击的窗户对象，代码如下所示。

```
private GameObject currentWindow;
```

在安全锤锤尖进入玻璃碰撞器的一瞬间，记录一次敲击，直接采用 OnTriggerEnger 函数是最便捷的选择。

```
public void OnTriggerEnter(Collider other)
{
}
```

通过辨别与安全锤锤尖发生碰撞的对象的标签来判断其是否为校车车窗。

```
if(other.tag == "Window")
```

```
        {

        }
```

一旦通过判断句的判断，则需要将发生碰撞的对象赋值给currentWindow，并接着调用currentWindow对象的BusWindow脚本的HasShockOnce函数，代码如下所示。

```
        currentWindow = other.gameObject;

        currentWindow.GetComponent<BusWindow>().

        HasShockOnce();
```

综合以上各语句，完整的OnTriggerEnger函数代码如下所示。

```
        public void OnTriggerEnter(Collider other)

        {

            if(other.tag == "Window")

            {

                currentWindow = other.gameObject;

                currentWindow.GetComponent<BusWindow>().

HasShockOnce();

            }

        }
```

如此即可实现通过安全锤击碎玻璃的功能。为使得效果更为出色，需要在体验者敲击玻璃时，使得手持控制器震动，和手持控制器的操作与震动相关代码集中在VRControllerModel.cs中，即这个脚本需要得知何时需要震动，因此在BreakWindow.cs中，新建一个公有类型的变量，来保存是否敲击玻璃：

```
        public bool hasShockWindow = false;
```

在OnTriggerEnter函数中，在安全锤锤尖和玻璃碰撞器发生碰撞时，将hasShockWindow设置为true，代码如下所示。

```
        public void OnTriggerEnter(Collider other)

        {

            if(other.tag == "Window")

            {

                currentWindow = other.gameObject;

                currentWindow.GetComponent<BusWindow>().
```

```
                        HasShockOnce();
                                        hasShockWindow = true;
                    }
                }
```

至此，BreakWindow.cs脚本得以完成，完整代码如下所示。

```
using UnityEngine;
using System.Collections;
public class BreakWindow : MonoBehaviour
{
    public bool hasShockWindow = false;
    private GameObject currentWindow;
    void Start()
    {
    }
    void Update()
    {
    }
    public void OnTriggerEnter(Collider other)
    {
        if(other.tag == "Window")
        {
            currentWindow = other.gameObject;
            currentWindow.GetComponent<BusWindow>().
HasShockOnce();
            hasShockWindow = true;
        }
    }
}
```

由于已经在BreakWindow.cs中添加了公有类型的变量hasShock-Window，因此在VRControllerModel.cs中，可直接调用该对象来判断是否需要手持控制器震动。打开VRControllerModel.cs，为使得敲击玻璃时震动效果不至于过于短暂，需要新建两个变量，一个为公有类型的

float变量，保存敲击一次手柄震动的时间，暂时将其设置为0.1秒，在项目测试环节，如果该时间过长或过短，开发者可在引擎界面上便捷地调整该时间。

```
public static float needToShockTime = 0.1f;
```

另一个为私有类型的float变量，保存当前震动的时间：

```
private float currentShockTime = 0.0f;
```

在Update函数中，找到if (ReturnCurrentControllerState() == ControllerState.CATCH_HAMMER)语句，在花括号中，编写如下代码。

```
if (CatchHammerModel.GetComponent<BreakWindow>().
hasShockWindow)
{
    currentShockTime += Time.deltaTime;
    if (currentShockTime >= needToShockTime)
    {
CatchHammerModel.GetComponent<BreakWindow>().
hasShockWindow = false;
        currentShockTime = 0.0f;
    }
    else
    {
        controllerDevice.TriggerHapticPulse(3000);
    }
}
```

如此，便可实现在需要震动的时间内，手持控制器持续震动，而一旦超过了需要震动的时间，将BreakWindow.cs中的hasShockWindow设置为false，使得下一帧执行Update时不再通过if条件句，并将当前震动的时间清零，使得下一次敲击玻璃之时，能够从零开始重新计算震动时间。

7.6 推校车车门

微视频：
7.6 推校车车门

项目的设计方案是体验者能够推校车的车门，但由于失火时司机晕厌，校车车门的开关由司机控制，因此体验者无法推开车门，也正因为无法从车门逃离校车，最终只能够使用安全锤击碎玻璃得以逃生。为实现该效果，计划制作两种车门模型，一是正常关闭状态，二则是半开状态。当体验者执行推门动作时，显示半开状态模型，否则显示关闭状态模型。

新建一个脚本"BusDoor.cs"。建立两个公有类型的变量，分别保存两种状态的车门模型，代码如下所示。

```
public GameObject DoorsNotOpen;
public GameObject DoorsOpen;
```

之后，场景设计师在引擎界面的Hierarchy面板中找到校车车门的两个模型，并拖拽其赋值给这两个公有类型的变量。

通过手持控制器通知车门对象更改状态，需要新建两个公有类型的函数，分别为"LetDoorHalfOpen"和"LetDoorShutDown"。在这两个函数内，需要执行的程序均为使其中一个模型隐藏而另一个模型显示，即在LetDoorHalfOpen函数中，使车门半开状态的模型DoorsOpen显示，而使正常关闭状态的模型DoorsNotOpen隐藏，在LetDoorShutDown函数中，执行截然相反的程序。两个函数的完整代码如下所示。

```
public void LetDoorHalfOpen()
{
    DoorsNotOpen.SetActive(false);
    DoorsOpen.SetActive(true);
}

public void LetDoorShutDown()
{
    DoorsOpen.SetActive(false);
    DoorsNotOpen.SetActive(true);
}
```

至此，BusDoor.cs完整的脚本如下所示。

```
using UnityEngine;
using System.Collections;
public class BusDoor : MonoBehaviour
{
```

```
public GameObject DoorsNotOpen;//未开门的模型
public GameObject DoorsOpen;//半开门的模型
void Start()
{
}
void Update()
{
}
public void LetDoorHalfOpen()
{
    DoorsNotOpen.SetActive(false);
    DoorsOpen.SetActive(true);
}
public void LetDoorShutDown()
{
    DoorsOpen.SetActive(false);
    DoorsNotOpen.SetActive(true);
}
}
```

接下来，需要编写手持控制器上的脚本，实现当体验者执行推门动作时，能够通知车门对象及时更改模型状态。

打开"VRControllerModel.cs"，此前为实现拾取和释放对象，已经编写了"OnTriggerStay"和"OnTriggerExit"两个函数。由于推门动作依旧通过手持控制器对象的碰撞体与车门对象的碰撞体相互碰撞进行检测，因此可以直接在这两个函数当中编写代码。

推门的整个交互过程包含了当体验者将手持控制器接触门体时，车门半开；当手持控制器远离门体时，车门关闭。为实现后者效果，直接在OnTriggerExit中添加代码，检测到如果和某种碰撞器相分离，并且该碰撞器是车门时，调用车门碰撞器的脚本，告知其需要更改状态。代码如下所示。

```
private void OnTriggerExit(Collider other)
{
```

```
            currentColliderObject = null;
            if(other.gameObject.tag == "Door")
            {
                other.gameObject.GetComponent<BusDoor>().
                LetDoorShutDown();
            }
        }
```

虽然可以在OnTriggerStay函数中编写相似的代码来实现推开车门，但是OnTriggerStay是当两个碰撞器碰撞时不断执行的函数，而实际上，推开车门只需在触碰车门的一瞬间执行即可。

再新建两个私有类型的函数——"CheckPushDoor"和"OnTrigger-Enter"。在CheckPushDoor中，需要编写代码判断和手持控制器发生碰撞的对象是否是车门，如果是车门，那么调用车门对象的脚本来实现更改模型状态的效果。完整代码如下所示。

```
        private void CheckPushDoor()
        {
            if (currentColliderObject!= null && currentColliderObject.
            tag == "Door")
            {
                currentColliderObject.GetComponent<BusDoor>().
                LetBusDoorHalfOpen();
            }
        }
```

在OnTriggerEnter中，则需要调用CheckPushDoor这个函数，使得在手持控制器与车门碰撞的瞬间执行更改车门模型的效果，代码如下所示。

```
        private void OnTriggerEnter(Collider other)
        {
            currentColliderObject = other.gameObject;
            CheckPushDoor();
            currentColliderObject = null;
        }
```

由于在OnTriggerStay中，将根据与手持控制器发生碰撞的对象更新currentColliderObject，而为了在与车门碰撞的瞬间实现车门半开效果，临时给currentColliderObject赋值，在判断其是否是车门对象并执行相关代码之后，再立刻将currentColliderObject清为空值。

如此，即实现了手持控制器推门的功能。

至此，主场景中手持控制器对象的脚本VRControllerModel.cs已基本编写完毕，完整脚本可扫描本页二维码查阅。

VRControllerModel.cs
完整脚本代码

7.7 其他系统

7.7.1 任务管理系统

微视频：
7.7.1 任务管理系统

主场景中，需要根据体验者的游戏进程来开启拾取不同对象的提示。例如，当体验者最初进入场景之时，游戏将提示他们拾取灭火器；拾取灭火器之后，游戏便接着提示拾取安全锤。

除提示外，当体验者击碎玻璃后，游戏将进入片尾剧情播放的阶段。虽然该游戏的交互系统较为简单，需要执行的动作包括推门在内也只有三种，而可拾取对象仅有两种，即游戏只需要根据体验者的进度依次对两种物品进行提示；击碎玻璃后进入剧情播放阶段时，也可以将场景更新代码编写入玻璃对象的脚本当中。但编写程序的目标是使得程序简洁而逻辑清晰，如果日后将添加更多的交互进入该项目，也能够高效地补充脚本，而无须更改过多的细节。因此为实现游戏进程管理，特此编写以下两个脚本。

第1个脚本是"TaskManager.cs"。它实现较为抽象的功能，即只负责记录当前的任务序号，并在当前任务执行完毕后，进入下一个任务。首先建立一个公有类型的枚举类，并排列好所有的任务。根据设计方案，主场景中包括"初入场景的爆炸和燃烧音效播放""解开安全带""拾取灭火器""拾取安全锤""进入播放片尾剧情的场景"这5个任务，因此在枚举类中，建立"Task0""Task1"…"Task4"来代表这些任务。代码如下所示。

```
public enum Tasks
{
```

```
        Task0,

        Task1,

        Task2,

        Task3,

        Task4

    }
```

为使其他脚本能够便捷地调用该枚举类，将该类放入 TaskManager 类外，作为和 TaskManager 相同的一个独立的类，如此，在其他脚本中，可直接调用 Tasks.Task0 来获取 Task0，而非 TaskManager.Tasks. Task0。接着，需要新建一个公有类型的枚举类变量来保存当前的任务，如下所示。

```
    public Tasks currentTask;
```

公有类型的 Tasks 类对象能够在引擎界面中被设置，不过在脚本中，也可在 Start 函数中再次对 currentTask 赋值，代码如下所示。

```
    void Start()

    {

        currentTask = Tasks.Task0;

    }
```

随后，还需要编写一个函数来返回 currentTask，如下所示。

```
    public Tasks ReturnCurrentTask()

    {

        return currentTask;

    }
```

当体验者完成某个任务后，其他的脚本将调用 TaskManager 更改 currentTask，其他脚本无须得知当前的任务序号是几，而可直接调用 ReturnCurrentTask 以获知。接下来，还需编写最后一个公有类型的函数，将当前任务更新为下一个任务，代码如下所示。

```
    public void TaskComplete(Tasks _taskIndex)

    {

        if(_taskIndex == Tasks.Task0)

        {

            currentTask = Tasks.Task1;
```

```
                }
        else if (_taskIndex == Tasks.Task1)
        {
                currentTask = Tasks.Task2;
        }
        else if (_taskIndex == Tasks.Task2)
        {
                currentTask = Tasks.Task3;
        }
        else if (_taskIndex == Tasks.Task3)
        {
                currentTask = Tasks.Task4;
        }
    }
```

TaskManager.cs
完整脚本代码

完整的"TaskManager.cs"脚本可扫描本页二维码查阅。

第2个脚本是"GameManager.cs",它根据当前任务currentTask做出相应的指令。

根据5个游戏任务,新建5个公有类型变量,分别为初入场景音效对象、安全带视觉提示对象、灭火器视觉提示对象、安全锤视觉提示对象和游戏成功场景。代码如下所示。

```
        public GameObject SceneStartEffectObject;
        public GameObject seatBeltCollider;
        public GameObject extinguisherUI;
        public GameObject hammerUI;
        public string gameSuccessScene = "GameSuccessScene";
```

在场景中,需要将前四种对象均设置为非激活状态,并在引擎界面中将这些对象分别拖拽赋值给GameManager.cs中相应的变量。TaskManager中的TaskComplete函数在被调用时,currentTask将进行更新,为立刻捕获更新后的currentTask,在GameManager类的Update函数中,通过不断判断当前的currentTask来执行相关指令。

初入场景时,即执行Task0时,需要激活SceneStartEffectObject;进入Task1,需要提示体验者解开安全带,激活SeatBeltUI;在已经解开安全带，完成Task1，进入需要拾取灭火器灭火的Task2时，激活 extinguisherUI；Task2任务完成后，则需激活hammerUI对安全锤进行提示；最后，当体验者成功击碎玻璃后，需要调用SceneManager. LoadScene()直接载入gameSuccessScene，进入播放片尾剧情的场景。为实现以上功能，完整的代码如下所示。

```
void Update()
{
    switch (GetComponent<TaskManager>().currentTask)
    {
        case Tasks.Task0:
            SceneStartEffectObject.SetActive(true);
            break;

        case Tasks.Task1:
                        seatBeltUI.SetActive(true);
            break;

        case Tasks.Task2:
            if (extinguisherUI)
            {
                extinguisherUI.SetActive(true);
            }
            break;

        case Tasks.Task3:
            if(hammerUI)
            {
                hammerUI.SetActive(true);
            }
            break;

        case Tasks.Task4:
```

```
SceneManager.LoadScene(gameSuccessScene);
break;


default:
SceneStartEffectObject.SetActive(true);
break;
    }
}
```

7.7.2 初始场景的校车开车过程

为使得项目剧情更为连贯，在主场景的校车失火之前，需要给体验者营造一个学生正常坐车的过程，于是新建一个场景，专门实现体验者"坐在"虚拟校车中回家的效果。

为实现校车的开车功能，新建一个脚本"BusMove.cs"附加给校车对象。校车模型的移动可以通过从一点移动至另一点的Vector3.Lerp( )函数予以实现。该函数的参数包括移动的目的地坐标和移动速度，因此新建两个公有类型的变量，一是保存移动终点位置，二是校车移动速度，代码如下所示。

```
public Vector3 endPos = new Vector3(0.0f,0.0f,20.0f);
public float driveSpeed = 0.1f;
```

为实现校车驾驶过程良好的观景效果，将把校车置于一条直行道上，行驶的终点则是直行道上校车当前位置正前方的某个点，即将校车模型放置在Vector3 (0.0f,0.0f,0.0f)的位置，并将其forward方向朝向Z轴正方向。

最初校车处于静止状态，项目的策划案制定的是当体验者准备就绪，按下手持控制器触控板时，校车开始行驶。因此需要手持控制器上的脚本来"通知"校车对象开启行驶状态。对此，新建一个布尔型的变量，实现开关功能，当该变量为true时，校车对象不断执行从一点行驶至另一点的功能，代码如下所示。

```
private bool busDrive = false;
```

当这些变量均齐全之时，即可在Update函数中编写如下所示的校车行驶代码。

```
void Update()
```

```
        {
            if(busDrive == true)
            {
                transform.position = Vector3(transform.position, endPos,
                driveSpeed * Time.deltaTime);
            }
        }
```

为使得其他脚本能够控制校车对象的行驶状态，需要新建一个公有类型的函数，在该函数中，直接将busDrive赋值为true，如此其他脚本将可直接调用该函数将校车切换为行驶状态，代码如下所示。

```
        public void StartDrive()
        {
            busDrive = true;
        }
```

美术设计人员期望呈现的效果是校车行驶至当前直行道和另一条直行道形成的十字路口时停在红绿灯处（红绿灯处即endPos的位置），停止一小段时间后出现爆炸和失火的现象。停止时间由一个float类型的变量完成。为使设计人员能够便捷地调整停车时间，需要新建一个公有类型的变量，并暂时将其设置为10秒，代码如下所示。

```
        public float MoveTime = 10.0f;
```

随后，将在Update函数中通过不断计时以判断是否达到这个时间，一旦达到，则通知系统加载失火主场景。主场景名为MainScene，目前的Update函数代码如下所示。

```
        void Update()
        {
            if(busDrive == true)
            {
                    transform.position = Vector3(transform.
                    position, endPos, driveSpeed * Time.
                    deltaTime);
                    MoveTime -= Time.deltaTime;
                    if(MoveTime <= 0.0f)
```

```
    {
                    Application.
LoadLevel( "MainScene" );
    }
}
}
```

至此，已经实现通过脚本控制校车开始行驶的功能，完整脚本可扫描本页二维码查阅。

BusMove.cs
完整脚本代码

接下来，则需要新建一个脚本"ControllerLetBusDrive.cs"，附加在手持控制器对象上，实现通过按下手持控制器触控板使校车行驶的功能。

先新建两个私有类型的变量，用以捕捉控制器设备，原理已在前面小节通过手持控制器拾取物品的部分进行了叙述，代码如下所示。

```
private SteamVR_TrackedObject trackedObj;
private SteamVR_Controller.Device controllerDevice;
```

然后在Start函数中对controllerDevice进行赋值，代码如下所示。

```
void Start()
{
trackedObj = gameObject.GetComponent<SteamVR_
TrackedObject>();
    controllerDevice = SteamVR_Controller.Input((int)
trackedObj.index);
}
```

最后，在Update函数中，编写if条件句判断手持控制器设备是否按下触控板，当满足条件句时，调用校车对象BusMove.cs脚本的StartDrive函数，代码如下所示。

```
void Update()
{
    if(controllerDevice.GetPressDown(SteamVR_Controller.
ButtonMask.Touchpad))
    {
GameObject.Find("SchoolBus").
GetComponent<BusMove>().StartDrive();
```

ControllerLetBus
Drive.cs
完整脚本代码

微视频:
7.7.3 火焰对体验者造成伤害
的交互系统

```
                              }
                  }
```

完整的脚本代码可扫描本页二维码查阅。

7.7.3 火焰对体验者造成伤害的交互系统

这款安全教育游戏以对体验者进行教育为目标,在校车失火之时,某些体验者可能会误入火堆当中,这种情况在真实生活中将极易导致人们丧失生命,因此针对年少的体验者,需要通过交互系统实现当距离火堆较近时,屏幕出现红色提示,但不直接导致体验者游戏失败,只是以该提示传达教育信息——不能靠近或走入火堆。

为实现该效果,首先需要制作特效脚本,该脚本由于关联至显示设备,因此需要将其附加给[CameraRig]的子对象CameraHead下的Camera(eye),如图7.6所示。

与运行于电脑平台的程序不同,如欲实现屏幕二维特效,在某个场景对象脚本的OnGUI函数中编写代码是无法在头戴式显示器上进行显示的,而只能够在电脑显示器上呈现效果,需要将脚本附加给Camera(eye)才能够达到目标。

红屏特效可以通过Unity包含的特效组件来实现,采用能够实现屏幕叠加效果的"ScreenOverlay.cs"。在使用Unity专业版时,可以在"Standard Assets/Effects/ImageEffects/Scripts"中找到这个脚本,如图7.7所示。

该脚本代码如下所示。

```
using System;
using UnityEngine;


namespace UnityStandardAssets.ImageEffects
```

图7.6 Camera(eye)对象
图7.7 脚本查询

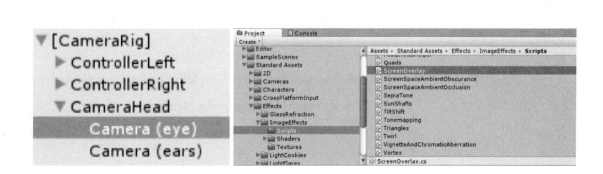

```
{
    [ExecuteInEditMode]
    [RequireComponent (typeof(Camera))]
    [AddComponentMenu ("Image Effects/Other/Screen
    Overlay")]
    public class ScreenOverlay : PostEffectsBase
    {
        public enum OverlayBlendMode
        {
            Additive = 0,
            ScreenBlend = 1,
            Multiply = 2,
            Overlay = 3,
            AlphaBlend = 4,
        }


        public OverlayBlendMode blendMode =
        OverlayBlendMode.Overlay;
        public float intensity = 1.0f;
        public Texture2D texture = null;


        public Shader overlayShader = null;
        private Material overlayMaterial = null;


        public override bool CheckResources()
        {
            CheckSupport (false);

            overlayMaterial = CheckShaderAndCreateMaterial
            (overlayShader, overlayMaterial);

            if   (!isSupported)
```

```
        ReportAutoDisable();
    return isSupported;
}


void OnRenderImage (RenderTexture source,
RenderTexture destination)
{
    if (CheckResources() == false)
    {
        Graphics.Blit (source, destination);
        return;
    }


    Vector4 UV_Transform = new  Vector4(1, 0, 0, 1);


        #if UNITY_WP8
        // WP8 has no OS support for rotating screen
        with device orientation,
        // so we do those transformations ourselves.
                if (Screen.orientation ==
                ScreenOrientation.LandscapeLeft) {
                UV_Transform = new Vector4(0, -1,
                1, 0);
                }
                if (Screen.orientation ==
                ScreenOrientation.LandscapeRight)
        {
                UV_Transform = new Vector4 (0, 1,
                -1, 0);
                }
                if (Screen.orientation
                == ScreenOrientation.
```

```
                        PortraitUpsideDown) {
                        UV_Transform = new Vector4(-1, 0,
                        0, -1);
                }
                #endif


                overlayMaterial.SetVector("_UV_Transform", UV_
        Transform);
                overlayMaterial.SetFloat ("_Intensity", intensity);
                overlayMaterial.SetTexture ("_Overlay", texture);
                Graphics.Blit (source, destination, overlayMaterial,
                (int) blendMode);
            }
        }
    }
```

项目场景中需要实现的效果是靠近和踏入火堆时，头戴式显示器逐渐呈现红屏效果；在体验者离开火堆时，屏幕的红色效果逐渐褪去。为实现该效果，在 ScreenOverlay.cs 当前的基础上，首先新建两个私有类型的 float 变量，保存红色效果出现和减弱的效果。可以使红色效果以一个特定的速度显示或减弱，但为使视觉效果更为良好，本项目采取在一个范围内随机数值的方式来使得这个速度值保持变化，代码如下所示。

```
        private float randomValue1 = 0.0f;
        private float randomValue2 = 0.0f;
```

接着，新建一个 Update 函数，并在其中使得这两个变量分别在一定范围内浮动。randomValue1 代表红色显示的速度，为实现变红时出现一个时隐时现的效果，把随机范围设置在 0.0f 到一个正数之间；在褪色时，为使红色效果减退的速度呈现一个时快时慢的效果，把 randomValue2 的随机范围设定为 0.0f 到一个正数之间，并且使 randomValue2 随机最大数小于 randomValue1 的随机最大数，代码如下所示。

```
        void Update()
        {
        randomValue1 = UnityEngine.Random.Range(0.0f, 0.3f);
```

```
        randomValue2 = UnityEngine.Random.Range(0.0f, 0.1f);
    }
```

红色效果可以通过一张红色的图片进行实现，在程序中更改图片的透明度即可实现逐渐显示或逐渐褪色的效果。而这个透明度则有ScreenOverlay.cs中的intensity变量进行控制。新建一个公有类型的函数，使得火焰对象的脚本能够调用其来提升intensity的值，如下所示。

```
    public void addIntensity()
    {
        intensity += (0.3f * Time.deltaTime + randomValue1 *
    Time.deltaTime);
    }
```

当火焰检测到体验者已经进入危险范围内时，它将能够调用addIntensity函数使得intensity不断提升，如果需要实现一个红色视觉提示时隐时现的效果，还需要在Update函数中使得intensity以randomValue2的速度不断减弱，如此在红色视觉提示不断显示的时候能够呈现时隐时现但总体加深的效果，而一旦离开火焰，当火焰对象不再不断调用addIntensity使得红色效果加深时，intensity便将呈现不断减弱的状态，显示出红色提示物逐渐退去的效果。完整的Update函数代码如下所示。

```
    void Update()
    {
        randomValue1 = UnityEngine.Random.Range(0.0f, 0.3f);
        randomValue2 = UnityEngine.Random.Range(0.0f, 0.1f);
        if (intensity > 0.0f)
        {
            intensity -= (0.3f * Time.deltaTime + randomValue2 *
        Time.deltaTime);
        }
    }
```

完整的ScreenOverlay.cs代码可扫描本页二维码查阅。

最后，还需要在火焰的BusFire.cs脚本中编写检测玩家是否进入危险区域的代码。实现原理是捕捉玩家的位置，将其和火焰自身的位置进行差运算计算距离，当该距离小于一定数值时，则调用ScreenOverlay

ScreenOverlay.cs
完整脚本代码

中的函数提升intensity。打开BusFire.cs，首先新建两个私有类型的变量，分别保存玩家对象和Camera(eye)对象，如下所示。

```
private GameObject _player;
private GameObject _cameraEye;
```

然后在Start函数中将这两个对象赋值，如下所示。

```
void Start()
{
    _player = GameObject.Find("CameraHead");
    _cameraEye = GameObject.Find("Camera (eye)");
}
```

新建一个公有类型的变量，保存危险范围，先暂时将其设置为1.0f，代码如下所示。

```
public float DangerDistance = 1.0f;
```

新建一个函数DangerEffect，实现距离火焰较近时出现提示危险的效果，这个效果便是之前编写的屏幕变红效果，代码如下所示。

```
private void DangerEffect()
{
    _cameraEye.GetComponent<ScreenOverlay>().
    addIntensity();
}
```

新建另一个函数CheckDanger，用以检测玩家和火堆的距离是否处于危险范围内，一旦处于危险状态，则调用DangerEffect开启屏幕变红效果，代码如下所示。

```
private void CheckDanger()
{
    Vector2 firePos = new Vector2(transform.position.x,
    transform.position.z);
    Vector2 playerPos = new Vector2(_player.transform.
    position.x, _player.transform.position.z);

    float distance_fire_player;
    distance_fire_player = Mathf.Sqrt((firePos.x - playerPos.
```

x) * (firePos.x - playerPos.x) + (firePos.y - playerPos.y) *

(firePos.y - playerPos.y));

if (distance_fire_player <= DangerDistance)

{

DangerEffect( );

}

}

BusFire.cs
完整脚本代码

完整的BusFire.cs脚本代码可扫描本页二维码查阅。

至此，即可实现当玩家靠近火焰或走入火堆时，屏幕呈现红色危险提示；当玩家离开火焰时，红色危险提示逐渐褪去的效果。

7.7.4　剧情播放系统

游戏在起始和结束处均需播放剧情，在该项目中，剧情由二维图片进行表述。在电脑、主机和手机平台，开发者可直接使用UI系统来实现剧情播放效果，但在虚拟现实项目中，则使用三维的Plane对象来完成剧情演示。

微视频:
7.7.4　剧情播放系统

一段完整的剧情由多张二维图片连续表示，在观看完每一张图片后，体验者能够通过按下手持控制器的触控板切换至显示下一张图片。为实现这个功能，需要建立两个脚本，其一附加给手持控制器对象，捕捉按下触控板的操作；其二则是和剧情演示相关，当手持控制器对象的脚本函数进行到切换图片命令时，及时切换至下一张剧情显示图片，并且当最后一张图片观看完毕后，加载至校车行驶场景。

首先完成第二个脚本，即和剧情显示相关的脚本。新建一个脚本"StartSceneManager.cs"，剧情由四张图片构成，需要新建四个公有类型的变量，用以保存显示不同剧情图片的plane对象，代码如下所示。

public GameObject StartTextureText;

public GameObject StartTexturePlane1;

public GameObject StartTexturePlane2;

public GameObject StartTexturePlane3;

此外，还需要一个int类型的变量，来保存之前正在显示的图片序列，如下所示。

```
public int count = 0;
```

接下来，则需要编写一个函数，来根据count的数目显示某个图片，不显示某些图片。由于这些图片均附加在一个plane对象上，可以直接使用gameObject.SetActive()来使其显示或隐藏。新建一个函数"ActiveImageBasedOnCount()"，编写如下代码。

```
private void ActiveImageBasedOnCount()
{
    if (count == 0)
    {
        StartTextureText.SetActive(true);

        StartTexturePlane1.SetActive(false);
        StartTexturePlane2.SetActive(false);
        StartTexturePlane3.SetActive(false);
    }
    else if (count == 1)
    {
        StartTexturePlane1.SetActive(true);
        StartTexturePlane2.SetActive(false);
        StartTexturePlane3.SetActive(false);
        StartTextureText.SetActive(false);
    }
    else if (count == 2)
    {
        StartTexturePlane2.SetActive(true);

        StartTexturePlane1.SetActive(false);
        StartTexturePlane3.SetActive(false);
        StartTextureText.SetActive(false);
    }
    else if (count == 3)
    {
```

```
                StartTexturePlane3.SetActive(true);

                StartTexturePlane1.SetActive(false);

                StartTexturePlane2.SetActive(false);

                StartTextureText.SetActive(false);

            }

            else if(count == 5)

            {

                SceneManager.LoadScene("BusMove");

            }

        }
```

在Start函数中，便需要调用ActiveImageBasedOnCount来显示第一章剧情图片，同时隐藏其他所有的剧情图片，代码如下所示。

```
        void Start()

        {

            ActiveImageBasedOnCount();

        }
```

之后，还需要新建一个公有类型的函数，能够使得其他脚本调用该函数更改count数值，代码如下所示。

```
        public void ChangeToNextImage()

        {

        count ++;

        ActiveImageBasedOnCount();

        }
```

至此，完整的StartSceneManager.cs已编写完毕，完整代码可扫描本页二维码查阅。

和初始场景类似，结尾场景的剧情播放亦由显示剧情二维图片的plane对象予以显示，完整GameSuccess.cs脚本可扫描本页二维码查阅。

初始剧情场景和结尾剧情场景，均需要为手持控制器对象附加脚本，使体验者能够在按下手柄触控板时激活下一张剧情图片。新建一个脚本"ControllerChangeFinalImage.cs"，首先为了捕捉控制器对象，新建两个私有类型的变量，如下所示。

```
        private SteamVR_TrackedObject trackedObj;
```

StartSceneManager.cs
完整脚本代码

GameSuccess.cs
完整脚本代码

```
        private SteamVR_Controller.Device controllerDevice;
```

并在Start函数中，编写捕捉手持控制器对象的代码，如下所示。

```
    void Start()
    {
        trackedObj = gameObject.GetComponent<SteamVR_
        TrackedObject>();
        controllerDevice =
    SteamVR_Controller.Input((int)trackedObj.index);
    }
```

最后，在Update函数中，编写条件判断句，根据自身对象所在的场景捕捉相应的场景控制器，从而调用初始场景控制器或结尾场景控制器的脚本中的ChangeToNextImage函数更新剧情显示图片。代码如下所示。

```
    void Update()
    {
        if (controllerDevice.GetPressDown(SteamVR_
        Controller.ButtonMask.Touchpad))
        {
        if(GameObject.Find("StartSceneController"))
        {
        GameObject.Find("StartSceneController").GetCompo
        nent<StartSceneManager>().ChangeToNextImage();
        }
        else if(GameObject.Find("FinalSceneController"))
        {
        GameObject.Find("FinalSceneController").
        GetComponent<GameSuccess>().
        ChangeToNextImage();
        }
        }
    }
```

ControllerChange
FinalImage.cs
完整脚本代码

至此，ControllerChangeFinalImage.cs编写完毕，完整的脚本代码可扫描本页二维码查阅。

第八章 软件测试与发布

8

本章介绍项目开发的最后一个环节——"测试与发布",由于此项目交互并不复杂,因此采用了黑箱测试的方法,确定没有重大Bug(漏洞)之后,进行可执行文件的导出。

微视频:
8.1 系统测试

图8.1 进入游戏后的初始场景

图8.2 主人公放学

图8.3 走上校车

图8.4 在校车上坐定

图8.5 乘坐校车

图8.6 低头观看

8.1 系统测试

8.1.1 初始剧情播放测试

戴上头戴式显示器后,首先体验者能够自由观看场景,并观察到场景当中一块二维屏幕上的显示文字,如图8.1所示。

接着,体验者能够通过按下左手或者右手手持控制器的触控板切换剧情图片,如图8.2～图8.4所示。

在播放至开场剧情的最后一张图片时,再次按下手持控制器的触控板,体验者将进入校车行驶场景。

8.1.2 校车行驶(BusMove)测试

进入校车行驶场景后,体验者能够自由观看四处场景,如图8.5所示。

体验者亦能够低头观看两个手持控制器设备,如图8.6所示。

通过按下手持控制器的触控板,校车开始行驶,此时体验者在虚拟空间中的位置将伴随着校车的行驶不断向前移动,正如真实生活中乘坐校车一样。在行驶一段距离后,校车停止行驶,并在短暂时间过后,伴随着爆炸声和火焰燃烧发生,体验者进入主场景。

8.1.3 主场景测试

图8.7 双手模样的手持控制器

进入主场景后，首先体验者能够低头观看自己的手持控制器已经是双手的样式，如图8.7所示。

图8.8 发现灭火器

此时向四周观看，体验者能够发现周围熊熊燃烧的烈火，以及前方不远处的灭火器模型上的蓝色提示信号时隐时现，如图8.8所示。

图8.9 捡起灭火器

起身走近灭火器，体验者将能够在手持控制器距离灭火器较近的位置按下触控板将灭火器拾起，如图8.9所示。

图8.10 持灭火器状态的手持控制器

拾起灭火器后，手持控制器将立刻变更为持灭火器的状态，如图8.10所示。

图8.11 释放灭火器

体验者通过右手的手持控制器拾取了灭火器，此时对左手控制器的任何按键进行按压时均无法触发任何效果。此时，再次按下右手手持控制器的触控板，体验者将放下灭火器，如图8.11所示。

图8.12 左手持灭火器

使用左手手持控制器，按下触控板，体验者再次拾取灭火器，如图8.12所示。

图8.13 拔出安全阀

此时按下左手手持控制器的扳机时，灭火器并不能够正常工作。而在右手控制器距离左手较近，并且按下触控板时，可观察到灭火器的安全阀被拔除，如图8.13所示。

图8.14 使用灭火器灭火

至此，再次按下左手手持控制器的扳机，灭火器将在喷射口喷射出白色烟雾，如图8.14所示。

将灭火器朝向火焰，即可将火焰逐渐消灭，如图8.15所示。

将车门前的火焰消除后，体验者走向车门，尝试通过推开车门逃离校车，如图8.16所示。

当手持控制器和车门接触时，手柄震动，同时车门呈现半开状态，如此反复几次后，体验者尝试双手同时推动车门，如图8.17所示。

即使努力向前推动，校车车门却一直呈现出半开状态，而当体验者将双手缩回后，车门立即完全关闭，如图8.18所示。

由于无法从车门处逃生，体验者向车厢内探索，重新拾取灭火器，尝试消灭车厢中的火焰，如图8.19所示。

再次观察四周，体验者发现挂在两扇车窗之间的安全锤处于提示状态，如图8.20所示。

使用灭火器清除窗边的火焰后，体验者尝试按下手持控制器的触控板拾取安全锤，如图8.21所示。

拾取成功，如图8.22所示。

拾取安全锤后，体验者通过思考认为能够使用安全锤击碎玻璃，而当他观察车窗时，发现车窗的四角处出现渐隐渐现的红色视觉提示信号，如图8.23和图8.24所示。

走向玻璃，体验者在未触发任何手持控制器按键的情况下直接敲击玻璃，在安全锤锤尖和玻璃相接触时，手持控制器剧烈震动，并且体验者

能够通过耳机收听敲击音效，如图8.25所示。

敲击数次后，玻璃破碎（窗户消失，在窗户中心出现大量碎片并向下掉落），体验者同时能够收听玻璃破碎音效，如图8.26所示。

几秒后，体验者进入结尾剧情播放场景。

8.1.4 结尾剧情播放测试

向四周观察，体验者能够观看几行文字，文字显示体验者从窗户处爬出校车并成功向火警求助，如图8.27所示。

和初始剧情播放场景相似，体验者通过按下任何一个手持控制器的触控板触发下一张剧情图片，如图8.28所示。

重复使用相同方法，体验者观看完毕所有的剧情，如图8.29～图8.32所示。

图8.23 玻璃上出现高亮提示一

图8.24 玻璃上出现高亮提示二

图8.25 用力击碎玻璃

图8.26 玻璃破碎

图8.27 结尾剧情文字

图8.28 逃离火场场景一
图8.29 逃离火场场景二

图8.30 逃离火场场景三
图8.31 逃离火场场景四

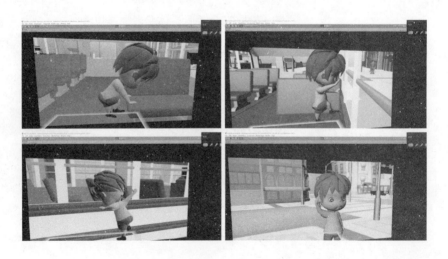

图8.32 体验结束

8.2 软件打包与发布

微视频:
8.2 软件打包与发布

至此,策划案中的所有功能均已实现,即可将项目发布。单击Unity工具栏中的"File"(文件)按钮,并在菜单中单击"Build Settings…"命令,引擎将弹出如图8.33所示窗口。

需要按照体验顺序将所有场景添加进来,如图8.34所示。

场景添加完毕后,单击"Build"按钮,选择目标文件存放的位置,等待一段时间之后,目标文件夹将自动跳出,至此,项目发布完毕,如图8.35所示。

图8.33 Unity文件打包发布窗口
图8.34 选择场景文件

图8.35 项目打包完成

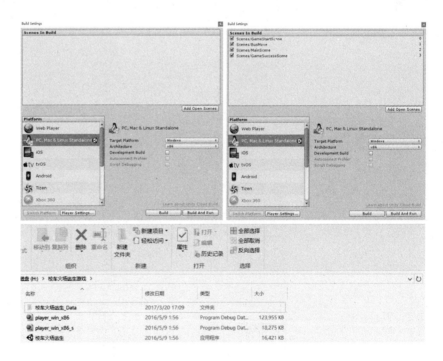

参考文献

[1] 汪成为.灵境（虚拟现实）技术的理论、实现及应用[M].北京：清华大学出版社，1996.

[2] 黄心渊.虚拟现实技术与应用[M].北京：科学出版社，1999.

[3] 刘俊.论传媒艺术的大众参与性——传媒艺术特征论之三[J].现代传播，2016（1）：98-103.

[4] 欧细凡，谭浩.基于心流理论的互联网产品设计研究[J].包装工程，2016（4）：70-74.

[5] 杭云，苏宝华.虚拟现实与沉浸式传播的形成[J].现代传播，2007（6）：21-24.

[6] 王洪厄.桌面虚拟实验沉浸感的提升策略研究[D].长春：吉林大学，2009.

[7] 黄心渊，陈柏君.基于沉浸式传播的虚拟现实艺术设计策略[J]. 现代传播，2017，39（1）：85-89.

[8] 刘德建，刘晓琳，张珑.虚拟现实技术教育应用的潜力、进展与挑战[J].开放教育研究，2016，22（4）：25-31.

[9] Login.R B. Aerospace application of virtual environment technology[J].Computer Graphics, 1996, 30（4）: 33-35.

[10] 吕志明，王婷婷，张付有.基于虚拟现实技术的地震逃生游戏的设计——以地震紧急疏散为例[J].电脑知识与技术，2015（11）：208-209.

[11] Munafo J, Diedrick M, Stoffregen T A. The virtual reality head-mounted display Oculus Rift induces motion sickness and is sexist in its effects[J]. Experimental Brain Research, 2017, 235（3）: 889-901.

[12] 黄海.虚拟现实技术[M].北京：北京邮电大学出版社，2014.

[13] 刘光然.虚拟现实技术[M].北京：清华大学出版社，2011.

[14] 娄岩.虚拟现实与增强现实技术概论[M].北京：清华大学出版社，2016.

[15] Steuer J. Defining Virtual Reality: Dimensions Determining Telepresence[J]. Journal of Communication, 1992, 42（4）: 73-93.

[16] 卢博.VR虚拟现实[M].北京：人民邮电出版社，2016.

[17] Earnshaw R A.Virtual Reality Systems[M].London:Academic Pr, 1993.

[18] 王寒，卿伟龙，王赵祥，等.虚拟现实引领未来的人机交互革命[M].北京：机械工业出版社，2016.

[19] 何伟.虚拟现实开发圣典[M].北京：中国铁道出版社，2016.

[20] 余超.基于视觉的手势识别研究[D].合肥：中国科学技术大学，2015.

黄心渊 主编

杨刚 赵锟 陈柏君 等编

1 计算机访问 http://abook.hep.com.cn/187911，或手机扫描二维码、下载并安装 Abook 应用。

2 注册并登录，进入"我的课程"。

3 输入封底数字课程账号（20位密码，刮开涂层可见），或通过 Abook 应用扫描封底数字课程账号二维码，完成课程绑定。

4 单击"进入课程"按钮，开始本数字课程的学习。

课程绑定后一年为数字课程使用有效期。受硬件限制，部分内容无法在手机端显示，请按提示通过计算机访问学习。

如有使用问题，请发邮件至 abook@hep.com.cn。

本书将 AR（增强现实）技术与教材内容相结合，只需三步，即可实现增强现实技术带来的全新体验。

步骤一：使用手机微信扫一扫，点击手机屏幕右上角，使用浏览器打开，下载并安装"高教 AR"客户端，客户端下载网址如下：

步骤二：打开 APP，允许 APP 调用手机摄像头，选择《虚拟现实导论——原理与实践》教材下载配套资源。

步骤三：将手机摄像头对准标注为"（AR图片）"的教材插图进行识别，动态资源即时呈现。

扫描二维码
下载 Abook 应用

虚拟现实导论
原理与实践
Xuni Xianshi Daolun:
Yuanli yu Shijian

黄心渊　主编

图书在版编目（CIP）数据

虚拟现实导论：原理与实践 / 黄心渊主编；杨刚
等编. -- 北京：高等教育出版社，2018.11
ISBN 978-7-04-050052-3

Ⅰ.①虚… Ⅱ.①黄… ②杨… Ⅲ.①虚拟现实-高
等学校-教材 Ⅳ.①TP391.98

中国版本图书馆CIP数据核字(2018)第146339号

防伪查询说明

用户购书后刮开封底防伪涂层，
利用手机微信等软件扫描二维码，
会跳转至防伪查询网页，获得
所购图书详细信息。也可将
防伪二维码下的20位密码按
从左到右、从上到下的顺序
发送短信至106695881280，
免费查询所购图书真伪。
反盗版短信举报
编辑短信"JB，图书名称，出版社，
购买地点"发送至10669588128
防伪客服电话
（010）58582300

策划编辑　韩飞
责任编辑　韩飞
书籍设计　张申申
插图绘制　于博
责任校对　殷然
责任印制　赵义民

出版发行　高等教育出版社
社址　北京市西城区德外大街4号
邮政编码　100120
购书热线　010-58581118
咨询电话　400-810-0598
网址　http://www.hep.edu.cn
　　　http://www.hep.com.cn
网上订购
http://www.hepmall.com.cn
http://www.hepmall.com
http://www.hepmall.cn
印刷　北京中科印刷有限公司
开本　787mm×1092mm　1/16
印张　14
字数　230千字
版次　2018年11月第1版
印次　2018年11月第1次印刷
定价　26.90元

本书如有缺页、倒页、脱页等
质量问题，请到所购图书销
售部门联系调换